HISTOIRE

DES

INSTITUTIONS MUNICIPALES

DE

LYON

AVANT 1789

PAR

MARC GUYAZ

OUVRAGE COURONNÉ
par l'Académie des Sciences, Belles-Lettres et Arts de Lyon
dans sa séance du 10 juillet 1883.

PARIS
E. DENTU, Éditeur
Palais-Royal, Galerie d'Orléans

LYON
Librairie HENRI GEORG
65, rue de la République

1884

HISTOIRE

DES

INSTITUTIONS MUNICIPALES

DE LYON

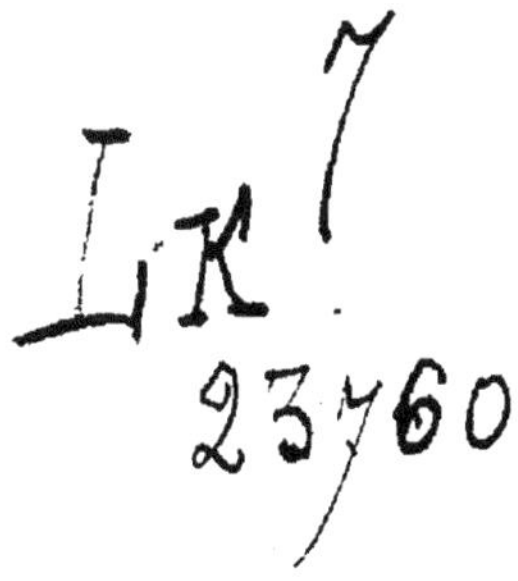

HISTOIRE

DES

INSTITUTIONS MUNICIPALES

DE

LYON

AVANT 1789

PAR

MARC GUYAZ

OUVRAGE COURONNÉ
par l'Académie des Sciences, Belles-Lettres et Arts de Lyon
dans sa séance du 10 juillet 1883.

PARIS
E. DENTU, Éditeur
Palais-Royal, Galerie d'Orléans

LYON
Librairie Henri GEORG
65, rue de la République

1884

PRÉFACE

Le 20 décembre 1881, l'Académie des sciences, belles-lettres et arts de Lyon, après trois tentatives infructueuses, adressait un dernier appel aux écrivains lyonnais, et mettait de nouveau au concours *l'étude des anciennes institutions municipales de Lyon*. Et le rapporteur de l'Académie, M. Caillemer, s'étonnait qu'une ville dont les institutions religieuses et judiciaires, — et nous pourrions ajouter les annales littéraires, — avaient fourni le sujet de tant de mémoires intéressants et de plusieurs excellents livres, fût restée aussi complètement dénuée d'une bonne histoire municipale. Lacune surprenante, en effet ; ce que possèdent déjà tant d'autres communes, Paris, Rouen, Montpellier, Nîmes, comment donc ne s'est-il trouvé jusqu'ici aucun Lyonnais disposé à l'entreprendre pour sa ville natale ?

Certes, les hommes de savoir, et amoureux de recherches historiques, ne sont pas rares à Lyon ; nous n'en voulons pour preuves que ces nombreuses monographies, si consciencieuses, si profondément étudiées et puisées aux sources mêmes, que nous avons vu paraître depuis vingt ans et qui ont éclairé d'un jour tout nouveau les origines de notre cité. Les auteurs ne manquaient donc pas; quant au sujet, il était bien digne d'attirer leurs efforts. Jamais peut-être aucune municipalité, aucune République même n'offrit à l'écrivain une moisson plus riche d'institutions originales, de révolutions curieuses, de tableaux animés de toutes les passions qui peuvent se donner carrière dans l'administration d'une ville; étude d'autant plus attachante qu'elle est plus vaste et qu'elle embrasse à la fois l'antiquité la plus reculée où Lyon fut, au début de l'ère chrétienne, la capitale romaine des Gaules, et le moyen âge et les temps modernes, où cette ville apparaît comme une véritable république marchande, une fille des républiques italiennes, isolée et perdue, pendant quatre siècles, dans la grande unité française, qui ne parviendra à l'absorber tout à fait qu'après 1793, au prix d'orages et de luttes dont la signification historique n'a pas été comprise jusqu'ici.

Suivre le développement et les transformations de cette vie municipale sur notre sol lyonnais; siècle par siècle, en observer les manifestations si variées, c'est faire une œuvre qui pourra s'adresser à toutes les classes de lecteurs, parce qu'elle renfermera des éléments d'intérêt pour les tendances et les facultés les plus diverses de l'esprit humain.

Le patriote y sera séduit par l'héroïsme des bourgeois de la Cinquantaine, lorsqu'ils luttèrent contre la féodalité ecclésiastique et qu'ils se précipitèrent si valeureusement à l'assaut du cloître de Saint-Just. Le politique y admirera sans doute la sage prudence avec laquelle les consuls lyonnais surent défendre si longtemps l'indépendance de la commune contre les empiètements du pouvoir royal ; il trouvera aussi, dans leur administration municipale, le modèle et le premier exemple de nombreuses institutions qui se généralisèrent ensuite par toute la France : des tribunaux de commerce dès le XVe siècle, une complète organisation de l'assistance publique dès le XVIe, et, dans le domaine financier, des octrois et tout un système de contributions indirectes à une époque où la royauté ne savait encore se procurer des ressources qu'en altérant les monnaies. L'économiste y applaudira certainement à la mise en pratique, bien avant Turgot, de sa doctrine de la liberté du travail, par une ville qui résista à l'établissement des jurandes et des maîtrises jusqu'au XVIIIe siècle. Le socialiste n'y assistera pas sans émotion aux longues et parfois sanglantes querelles entre les artisans et les bourgeois ; il y verra comment les usurpations lentes, mais constantes, des riches sur les droits du peuple ont commencé à creuser ce fossé redoutable qui sépare aujourd'hui si complètement les classes. Le philosophe, enfin, y constatera, avec un curieux intérêt, la persistance d'une même idée, d'un même sentiment qui semble dominer, à son insu peut-être, les actions de la race lyonnaise à toutes les époques de son histoire : l'idée de l'autonomie, le sentiment de l'indépendance, ce qu'un de nos amis, Louis Garel, appelait déjà, en 1871, l'*instinct du fédéralisme* (1).

Et pourtant, cette étude si pleine d'attraits, tous nos historiens lyonnais ont paru la négliger ou la fuir. Est-ce dédain ou défiance ? demandait encore M. Caillemer. Il est impossible de croire au dédain. Quant à la défiance, elle n'est peut-être pas complètement justifiable.

Sans doute, il ne faut point se dissimuler que l'exécution d'un ouvrage de ce genre est

(1) Voy. *La Révolution lyonnaise depuis le 4 septembre*, par Louis Garel.

semée de difficultés réelles et nombreuses. L'histoire des institutions municipales se lie souvent à des questions délicates et fort complexes d'administration, de finances; et surtout, elle doit être poursuivie, pour la cité lyonnaise, à travers des époques où la science historique est encore loin d'avoir fait pleinement la lumière. Depuis les Gaulois jusqu'au XVe siècle, les destinées de Lyon soulèvent des problèmes pour ainsi dire à chaque pas: où était située et comment fut administrée cette bourgade gauloise qui précéda probablement sur notre sol la colonie romaine de Munatius Plancus? Lugdunum fut-il soumis au même régime municipal que la plupart des autres cités de l'empire, ou bien fut-il placé dans une situation exceptionnelle, comme Milan ou Rome? Que devint cette ville depuis l'invasion des Barbares jusqu'au moyen âge; le droit municipal romain s'y est-il maintenu avec autant de persistance que le pense Augustin Thierry, ou bien le réveil du XIIIe siècle est-il dû à d'autres causes et notamment à l'influence italienne? Au XIVe siècle enfin, quelle conduite observa la nouvelle cité consulaire à l'égard des tentatives d'Etienne Marcel et de la bourgeoisie parisienne pour établir en France le gouvernement des classes moyennes ? Voilà, pour n'en citer que quelques-uns, autant de points d'interrogation qui se posent devant l'historien, et auxquels il ne lui est pas possible de fournir une réponse suffisamment précise.

Mais, parce qu'une demi-obscurité règne encore, pendant une trop longue suite de siècles, sur nos annales lyonnaises, faudra-t-il donc renoncer à la tâche et s'arrêter devant ces quelques points douteux ou inconnus comme devant une barrière infranchissable ? Devra-t-on déclarer irréalisable toute étude générale sur l'histoire de Lyon, et restreindre ses recherches à de simples monographies, en attendant une certitude absolue qui peut-être ne viendra jamais ? Cette conclusion, qu'ont paru adopter la plupart des écrivains lyonnais, nous a semblé trop rigoureuse.

S'il faut abandonner, actuellement, le projet d'écrire une histoire municipale de Lyon, complète, achevée, définitive, élucidant tous les points douteux, rectifiant toutes les erreurs précédemment commises, nous avons cru qu'on pouvait essayer du moins d'en tracer une rapide esquisse. En dehors des problèmes historiques et des controverses savantes, il reste heureusement un assez grand nombre de faits prouvés ou suffisamment probables, pour servir de matériaux à un simple résumé de l'histoire des anciennes institutions lyonnaises, destiné à rappeler aux Lyonnais de nos jours ce qu'ont fait nos ancêtres, au temps du consulat ou de la curie. Si ce n'est là une œuvre d'érudition, ce sera seulement une œuvre de vulgarisation, tâche plus modeste mais tout aussi utile.

C'est cette tâche que nous nous sommes proposé d'accomplir. En répondant à l'appel de l'Académie de Lyon, nous ne tentions certainement pas de prendre place parmi les doctes, les archéologues, les antiquaires ; c'eût été de notre part un excès de témérité. Nous pensions surtout à la grande majesté moderne, monsieur Tout-le-Monde, et c'est pour elle que nous avons écrit ce livre. A ceux de nos compatriotes, — et c'est la grande majorité peut-être, — qui ignorent presque complètement l'histoire lyonnaise, nous avons voulu offrir une étude courte, de lecture relativement facile, et qui pût révéler à tous combien fut remarquable et grand le passé municipal de notre ville ; combien notre ancienne bourgeoisie mérite d'être admirée pour ses qualités administratives, notre peuple pour son esprit démocratique, tous deux pour leur dévouement à la cité et pour leur courage !

Malgré ses imperfections, cet ouvrage a été honoré du *prix de l'Académie;* notre récompense sera complète si le grand public, à qui nous le présentons aujourd'hui, annoté et corrigé, le reçoit avec la même indulgence. Ce volume, qui s'arrête à la Révolution française, ne forme que la première partie de l'histoire de nos institutions lyonnaises; mais nous espérons le faire suivre bientôt d'un second volume, allant de 1789 jusqu'à nos jours, si toutefois le lecteur accueille favorablement celui-ci.

Mais, avant de soumettre ce résumé historique au jugement de tous, qu'on nous permette de nous expliquer, en peu de mots, sur quelques-unes des critiques qui lui ont été adressées par une Compagnie savante.

Le caractère de vulgarisation que nous avons voulu donner à cette œuvre, et son but nettement indiqué, de répandre dans la population lyonnaise la connaissance, au moins élémentaire, des principaux faits de notre histoire locale, suffisent déjà, sans doute, pour nous justifier des principales objections des érudits. Ce livre est avant tout une synthèse, et quand on en reconnaît la parfaite exactitude sur l'ensemble, par cela même on doit renoncer à lui chercher querelle sur des points de détail, toujours contestables, et qui, pendant longtemps encore, pourront rester matière à controverses entre les historiens.

Pour n'être point exposé à ces critiques de détail, quelques-uns auraient souhaité que nous eussions restreint cette étude aux quatre ou cinq siècles qui ont précédé immédiatement la Révolution de 1789; les époques antérieures n'offrant, comme nous l'avons dit, qu'un trop petit nombre de documents écrits et presque aucune preuve certaine. Mais il nous a paru impossible de nous enfermer dans ces étroites limites, et de retrancher ainsi de l'histoire municipale de Lyon l'antiquité tout entière et la plus grande partie du moyen âge. Tout se lie et s'enchaîne dans le passé d'une ville, comme dans celui d'un homme ou d'un peuple. Les institutions d'aujourd'hui sont filles des institutions d'hier, qui procédaient elles-mêmes des siècles précédents. Aborder l'histoire lyonnaise seulement au XIVe siècle, c'eut été s'exposer à la rendre incompréhensible au lecteur; c'eut été aussi décapiter un ouvrage qui ne peut avoir d'intérêt qu'à la condition d'embrasser toutes les époques, pour en montrer la filiation continue.

D'ailleurs, une pareille rigueur dans la méthode historique pourrait être exigée aussi bien pour l'histoire générale que pour les annales lyonnaises, et alors elle aboutirait rapidement à des conséquences inadmissibles. Au delà de trois ou quatre siècles, les plus rapprochés de nous, il faudrait écrire partout : *terres inconnues*, et, d'autre part, comme la vérité s'obscurcit davantage par les passions des hommes, à mesure que l'on se rapproche de l'époque contemporaine, il s'ensuivrait que l'historien, pris entre ces deux écueils, le peu de certitude des temps anciens, le manque d'impartialité des temps modernes, en serait tout simplement réduit à briser sa plume.

Non, on ne saurait pousser le souci de l'exactitude historique jusqu'à une telle extrémité. Là où la certitude absolue fait défaut, il a toujours été permis à l'historien de former des conjectures, et, en s'appuyant sur le petit nombre de faits connus, en s'autorisant de l'analogie même, de rechercher l'hypothèse la plus probable et la plus admissible. C'est ce que nous avons cru pouvoir faire, pour les époques les plus obscures de l'histoire lyonnaise. Nos hypothèses pourront être contestées sans doute : si on leur en oppose de plus vraisemblables, alors nous nous empresserons de nous y rallier nous-même, en reconnaissant bien haut notre erreur ; mais si l'on se contente de leur reprocher simplement d'être des hypothèses, nous répondrons à notre tour qu'il n'est pas possible de tirer autre chose des documents actuellement à la disposition de l'écrivain, ni de faire mieux en l'état de la science historique.

Tels quels, les aperçus que nous nous sommes permis de donner, sur notre antiquité gauloise et romaine, en les accompagnant des réserves indispensables, ne laisseront pas, nous en avons l'espérance, d'intéresser le lecteur, qui y trouvera décrit le régime municipal de ces peuples anciens ; c'est pour ce résultat que nous avons cru devoir risquer les critiques des savants.

Nous ne nous sommes point trop préoccupé non plus, quant à la forme littéraire, des exigences d'un petit public restreint de délicats et de puristes. D'avance, nous leur abandonnons notre style, avec ses hardiesses, comme nous nous sommes résigné tout à l'heure aux objections des historiens rigoristes. Ecrivant pour tous, pour le peuple aussi bien que pour les lettrés, nous nous sommes attaché à la clarté, à la netteté de la phrase, beaucoup plus qu'à son élégance ; il nous a semblé que notre lecteur voudrait être conduit rapidement et sans fatigue, à travers cette succession de tableaux qui lui retracent la vie municipale de nos ancêtres. Si nous y avons réussi, notre but est atteint.

Ce que nous nous sommes imposé aussi, dans cette histoire qui, à chaque page, doit rappeler les luttes et les querelles qui agitèrent autrefois notre cité, c'est de garder toujours la froide impartialité de l'historien, et même en comprimant nos préférences démocratiques, de donner à chacun, peuple ou bourgeoisie, la part d'éloge ou de blâme qui lui est due. Notre plus ardent désir, en nous plaçant ainsi en dehors des passions qui divisent aujourd'hui les deux classes,serait d'avoir pu signaler à chacune d'elles les écueils qui les ont fait échouer jadis, et sur lesquels, si on n'y prend garde, elles iraient encore sombrer demain.

En lisant ce livre comme il a été écrit, avec sincérité et sans parti pris, il sera possible peut-être d'en tirer quelques enseignements utiles. La bourgeoisie y verra qu'elle s'est déjà perdue, avant 1789, par l'exagération de ses privilèges, et pour avoir refusé de réaliser à temps les trop justes réformes que le peuple réclamait. Les classes laborieuses, de leur côté, y trouveront de nouvelles preuves de cette vérité, si importante pour elles, que la transformation économique des sociétés doit inévitablement être précédée de leur transformation politique, et qu'aucune amélioration matérielle, aucune augmentation de salaires n'a jamais pu aboutir sous le régime de la domination monarchique. Enfin, l'exemple des remarquables institutions que surent créer les consuls de Lyon, lorsque cette ville jouissait d'une demi-indépendance, montrera peut-être à tous ceux que préoccupent les difficultés toujours plus menaçantes de la question sociale, que l'affranchissement des municipalités serait la première et la meilleure étape pour arriver au soulagement de la misère.

Lyon, le 25 mars 1884.

HISTOIRE

DES

INSTITUTIONS MUNICIPALES

DE LYON

AVANT 1789

CHAPITRE I

ORIGINES. — LYON GAULOIS

SOMMAIRE : Les Grecs de Séseron. — L'ancien Emporium des Ségusiaves. — Aristocratie marchande. — Patrons et clients. — Les impôts en nature.

Les origines de la cité lyonnaise sont enveloppées d'un nuage. Nos archéologues ne sont pas d'accord. Tandis que les uns n'osent point faire remonter la fondation de Lugdunum au-delà de la colonie romaine de Plancus (an 43 av. J.-C.), d'autres n'hésitent pas à demander aux traditions gallo-grecques ou même phéniciennes des lumières sur un passé bien plus ancien de notre patrie.

Les premiers s'autorisent du silence de César, dont les Commentaires ne renferment rien qui puisse indiquer l'existence d'une ville au confluent du Rhône et de la Saône. Les seconds s'appuient sur un texte formel du livre des *Fleuves*, attribué à Plutarque (1).

Nous n'avons guère qualité pour prendre parti dans ce débat. Mais si, comme le dit malignement le P. Menestrier (2), — le pre-

(1) « Quand Momorus et Atepomarus furent chassés de leur royaume par Seseronus, ayant volonté de bâtir une ville en cette colline-là, selon le commandement de l'oracle et en ayant déjà jeté les fondements, les corbeaux y survinrent soudain et, prenant leur vol, couvrirent les arbres qui étaient alentour ; or, Momorus... appela la ville Lugudunum. »

(Plutarque, *Des Fleuves*, traduction d'Amyot.)

(2) Comme c'est aux Romains que Lyon doit le grand éclat qu'il eut ensuite par le moyen de ces peuples, devenus les maîtres du monde, il a mieux aimé passer pour l'ouvrage de ces Romains que de rapporter sa fondation à un amas fortuit de quelques maisons de marchands ; et à des colonies de soldats victorieux et des peuples conquérants, qu'à des foires et à des magasins ; quoique les plus anciennes inscriptions qui nous parlent de cette ville nous fassent plus connaître de négociants de vins, d'huiles, de toiles, de draps, que de légions de vétérans, de tribuns, de légats, de duumvirs ou d'autres magistrats.

(Menestrier, *Histoire civile ou consulaire*, p. 1.)

mier et peut-être le plus illustre des historiens lyonnais, — le désir d'avoir pour ancêtres des guerriers conquérants, plutôt que des marchands venus de tous les points du monde pour se rencontrer sur un champ de foire, est pour une bonne part dans l'opinion qui attribue à Munatius Plancus la création d'une cité entièrement nouvelle, ce désir ne pourra jamais être complètement satisfait. Lyon ne saurait échapper à son origine marchande. Si on lui conteste d'avoir été un marché gaulois, il faudra bien reconnaître que, sous la domination romaine, il n'a été que l'immense entrepôt où s'échangeaient les produits de tout l'univers, et qu'au moyen âge, on l'a vu successivement le siège du commerce des juifs, puis des banquiers lombards, puis des foires auxquelles il a dû toute sa splendeur.

Un peu plus tôt ou un peu plus tard, c'est toujours au négoce et au trafic que la cité lyonnaise devra son existence, et c'est dans son esprit commerçant que l'historien ira chercher les causes de ses principales institutions. Que ce ne soit donc point là un motif pour repousser notre antiquité gauloise; si telle est notre origine, loin d'en être humiliés, tirons-en plutôt gloire en disant, avec J. Reynaud, que si les Gaulois nous étaient mieux connus, nous voudrions ne relever que d'eux seuls dans l'histoire !

M. Monfalcon, si prudent et si peu favorable à l'hypothèse d'une cité gauloise à la pointe du confluent, termine cependant ses appréciations par cette concession, qui est presque un aveu : « Tout est possible, à la rigueur, dans ce récit . . . . . Cette émigration n'a rien d'absolument invraisemblable » (1). Il nous semble qu'on peut, sans trop de témérité, avancer encore d'un pas et dire : le fait est plus que possible, il est probable.

En voici les raisons :

La Gaule eut des villes avant les Romains. L'oppidum (de *ops*, secours) n'était pas uniquement un refuge où les populations environnantes venaient mettre leurs personnes et leurs biens en sûreté, quand la guerre ravageait le pays. Mais, par cela même que ce lieu était fortifié et protégé contre les attaques de l'ennemi, il devenait aussi le siège des plus importantes fonctions politiques de la tribu ; les

(1) Monfalcon, *Histoire monumentale de Lyon*, I, 24.

assemblées s'y réunissaient, on y accomplissait des cérémonies religieuses, et partout, sauf peut-être dans les sauvages tribus du nord, l'oppidum dut renfermer une population permanente, s'augmentant à mesure que montait la civilisation, et qui formait de véritables villes lorsque vint la conquête.

Au reste, César, en employant indifféremment, dans ses Commentaires, les mots *oppidum* ou *urbs* pour désigner le même lieu, montre assez quel sens il attachait à la première de ces deux expressions (1).

Par une extension analogue, l'*emporium*, le marché ou foire, où l'on apportait les produits de la contrée pour les vendre aux trafiquants étrangers, ne tarda pas à se transformer en un comptoir permanent, en une station de commerce. Le marché terminé, on ne démolissait pas toutes les cahutes, on n'enlevait pas toutes les tentes; tous les acheteurs ne retournaient pas dans leur pays. Quelques-uns restaient, en attendant le retour du marché suivant; ils continuaient leurs relations avec

(1) Voyez, notamment, au livre VII, § XV et XXVI, comment César s'exprime relativement à Gergovie, à Avaricum et aux autres villes des Bituriges.

les populations des tribus ; ils formaient, sur le terrain de l'emporium, un village, un bourg, que, par la suite, on entourait peut-être de forts détachés, de *dun*, pour le mettre à l'abri des incursions de nos pillards ancêtres.

Ainsi se créaient des villes d'un second genre, et, s'il faut émettre notre opinion sur l'origine de Lugdunum, — opinion que nous ne donnons que pour une très humble conjecture, — il nous semble que le territoire situé au confluent de deux rivières et communiquant, grâce à ces routes qui marchent, avec les Alpes et le Rhin d'une part, et de l'autre avec la mer, qui amenait les négociants rhodiens, phéniciens ou grecs, il nous semble, disons-nous, que ce territoire dut paraître des plus favorables à l'établissement d'un emporium permanent pour le canton commerçant des Ségusiaves (1).

(1) L'hypothèse, contestée par quelques-uns, que nous avançons ici, a été très vigoureusement soutenue par le savant recteur de l'Académie de Lyon, M. de la Saussaye, dans son *Histoire littéraire de Lyon* (1876).

Voici en quels termes : « Il n'est guère possible, en « effet, de supposer que ce confluent de deux grands

Le silence de César et des géographes anciens ne suffit point à prouver le contraire; César est un guerrier : la description des *emporium* ne le préoccupe guère. Si Lugdunum eût été un oppidum gaulois, à coup sûr il en eût fait mention. Et quant aux géographes, on sait combien ils sont avares de renseignements, commerciaux surtout, pour tout ce qui est au-delà de la province romaine.

Nous voyons tous les grands emporium

« fleuves, si favorables aux communications des peu-
« ples, dans un temps où les routes n'existaient pas,
« soit resté dépourvu d'habitants. D'abord, il offrait
« aux Celtes ce qu'ils recherchaient avant tout pour
« leurs demeures, la proximité des fleuves. On peut
« même remarquer qu'ils affectionnaient particulière-
« ment les promontoires et les îles formés par la
« jonction des cours d'eau. Angers, Poitiers, Bourges
« et nombre d'autres villes des Gaulois, nos ancêtres,
« sont bâties dans des conditions d'emplacement pa-
« reilles. Puis, la convenance du lieu pour le transport
« des marchandises pouvait-elle échapper à la sagacité
« commerciale des Phéniciens et des Grecs établis sur
« la côte? Non, sans doute. Ils durent avoir là un
« *emporium*, un comptoir. Peut-être, et ceci est très
« probable, y trouvèrent-ils établi, de temps immé-
« morial, un de ces marchés sanctifiés par la religion,
« où venaient trafiquer, à certaines époques de l'an-
« née, toutes les peuplades indigènes du voisinage. »
(*Histoire littéraire de Lyon*, p. 5 et 6.)

gaulois placés sur les fleuves et les rivières navigables et, de préférence, dans des îles ou sur les promontoires formés par la jonction des cours d'eau. Les négociants de Massalie et de toute la côte méditerranéenne, remontant le cours du Rhône, en rencontraient pour ainsi dire à chaque pas ; comment n'en eût-il point existé en ce lieu merveilleusement préparé par la nature, et d'où le voyageur pouvait se diriger, à son gré, vers la Germanie ou vers les Iles-Britanniques ?

L'étymologie adoptée pour le mot Lugdunum ou Lugdun, par ceux de nos savants lyonnais qui répugnent à y trouver le radical *corbeau*, peut fournir un nouvel argument à l'appui de notre thèse. *Lugu-dun*, lagunes-collines, ou la colline des lagunes, des marais, des lônes (1), est une expression qui doit rappeler l'aspect de l'ancien *Condate*, de cette presqu'île de Saint-Sébastien se prolongeant par une série d'îlots, probablement marécageux, jusqu'à la complète réunion des deux fleuves.

(1) Baron Raverat, *Fourvière, Ainay et Saint-Sébastien*.

Concluons donc maintenant :

Si l'on exige des preuves positives, assurément il n'en existe pas qui puisse mettre hors de doute l'existence d'une station de commerce dans le Pagus Condatensis, avant la conquête romaine. Mais, si l'on se contente de probabilités, de preuves par induction, — et presque toute l'histoire ancienne est faite de ces preuves-là ! — on peut admettre que, vers le IVe siècle avant notre ère, il s'établit, au pied de la colline Saint-Sébastien, une colonie grecque qui devint le principal emporium de la contrée, et où les Gaulois amenaient leurs vins, leurs fers, leurs bestiaux, pour les échanger contre les produits des nations plus civilisées du Midi et de l'Orient.

Ce fut là le premier et bien faible embryon de la grande cité lyonnaise ; c'est là, par conséquent, la première municipalité, si ce mot peut s'appliquer ici, dont nous ayons à décrire et à étudier les institutions.

D'ailleurs, institutions purement hypothétiques, simples présomptions déduites, avec plus ou moins de vraisemblance, de la nature des choses et de l'analogie avec d'autres cités mieux connues.

D'abord, de ce que Lugdunum gaulois est d'origine marchande plutôt que guerrière, il s'ensuit que la noblesse, s'il y en eut une, n'y fut jamais prépondérante dans les conseils. Est-ce à dire que nous y supposions l'existence d'un régime démocratique ? Pas davantage. Un gouvernement aristocratique, un sénat de notables, pris parmi les riches, nous paraît plus vraisemblable.

La grande Massalie fut, elle aussi, une colonie de marchands phocéens, et la forme de son gouvernement nous aidera à comprendre le nôtre (1). Les fondateurs et les premiers habitants de Massalie y formèrent une caste gouvernementale, héréditaire au début, et à laquelle se trouvaient subordonnées les populations autochthones qui étaient venues se joindre aux étrangers. Mais chaque jour débarquaient de nouveaux colons, des marchands, des aventuriers d'humeur indépendante, accoutumés à la vie libre et pour qui on dut faire plier le privilège du sang. Alors, le cadre s'élargit, le cens remplaça

(1) Voir, pour le gouvernement de Massalie, Amédée Thierry, *Histoire des Gaulois*, t. II, p. 125 et suiv.

l'hérédité, et la seule fortune fit participer à la direction de la chose publique. Au-dessous des riches, de la *timocratie*, le peuple, jouissant de tous les droits civils, point esclave, était néanmoins rigoureusement exclu du gouvernement.

Telle fut Massalie ; telle, à de faibles différences près, fut probablement aussi Lugdunum.

On sait, d'ailleurs, que toutes les villes de la Gaule étaient divisées en clientèles volontaires (1). Plusieurs pauvres s'attachaient à un riche, à un patron, lui formaient une cour, augmentaient son influence et, en retour, recevaient sa protection. Lien tout personnel, qu'on brisait à volonté, qui n'engageait point les familles, qui ne donnait aucun droit au fils du patron et n'imposait aucune charge au fils du client.

Avec ces données, représentons-nous main-

(1) « Les pauvres s'engageaient volontairement à « des hommes puissants, pour la durée de leur vie, « aux mêmes conditions que les clients de la campagne « étaient engagés nécessairement au chef héréditaire « de leur canton. »

(Amédée Thierry, *Histoire des Gaulois*, t. II, p. 112 et 113.)

tenant l'emporium du Condate : quelques gros négociants, entrepositaires de vin, entrepreneurs de transports par eau, dont chacun commandait à un certain nombre d'employés, de serviteurs, de clients, constituaient, — peut-être avec l'adjonction des prêtres (1) — le conseil dirigeant, nommant les magistrats et délibérant sur toutes les affaires de la cité.

Quant au nombre, au rôle, à la durée des fonctions de ces magistrats, il serait trop téméraire d'en faire l'objet de plus amples suppositions.

Rappelons simplement que l'administration revêtait alors des formes tout à fait rudimentaires; que la plupart des impôts se payaient en nature, en denrées qui servaient ainsi à la subsistance des divers fonctionnaires civils ou religieux (2). Ajoutons toutefois qu'en certains lieux, au passage des principales rivières, à l'entrée des emporium, on

(1) Dans toute la confédération des Edues, à laquelle se rattachaient les Ségusiaves, les prêtres avaient part au gouvernement de la cité.

(Voy. Amédée Thierry, *idem*, t. II p. 115 et 116.)

(2) Sur ces redevances en nature, voy. *La Cité gauloise*, par Bulliot et Roidot (Autun, 1879), p. 177 et suiv.

trouvait déjà le péage, ce qui deviendra le *portorium* romain. Un texte de César montre aussi que dans la confédération Edue, à laquelle se rattachait le canton des Ségusiaves et par conséquent Lugdun, la perception des impôts se donnait à ferme (1). A cela se réduisent toutes les lumières que nous possédions sur les finances des cités gauloises.

Nous arrêterons là nos recherches sur Lugdun, l'emporium du confluent, et nous les résumerons en disant : Cette cité, d'origine grecque et de caractère marchand, dut renfermer une population de mœurs plus douces et disposant d'une plus grande liberté que les barbares tribus qui l'environnaient. Quant à ses institutions, elles sont fort incertaines, et même son existence n'est pas encore rigoureusement prouvée.

(1) « Dumnorix avait été plusieurs années fermier, « à vil prix, des droits de traite et de tous les autres « revenus des Eduens, parce que, dès qu'il enchérissait, « personne n'osait surenchérir ; il avait, par là, grossi « sa fortune et ramassé de quoi fournir à ses grandes « largesses. »

(*Commentaires*, livre I, § v. Traduction Le Deist de Botidoux.)

CHAPITRE II

LUGDUNUM

SOMMAIRE : La Colonie de Plancus. — Condat : le territoire et le trésor des Gaules. — Collège des Décurions. — Les Duumvirs. — Le questeur et les impôts. Portorium. — Aqueducs et égouts. — Les corvées. Collèges d'artisans. — Ateliers d'État. — Professions réglementées. — Associations libres. — L'industrie à Lugdunum. — L'Athénée. — Concours de Caligula. — Le Haut-Empire et l'autonomie communale.

En l'an 43 avant Jésus-Christ, Munatius Plancus, général habile et plus habile diplomate, conduisit, au confluent du Rhône et de la Saône, une colonie de soldats romains chassés de Vienne par les Allobroges. Il les établit sur le plateau de Fourvière, leur distribuant, suivant la coutume romaine, des terres autour de la cité (1). Cette cité nouvelle, favorisée par son admirable position commerciale et militaire, s'étendit bientôt sur toute la rive droite de la Saône, de Pierre-Scize à

(1) Voir, sur la fondation des colonies romaines, Champagny, *Les Césars*, t. II, p. 318 et suiv.

Saint-Irénée, couvrant le versant de la colline de ses splendides palais. Ce fut la première capitale des Gaules; elle renferma, à ce qu'on croit, jusqu'à 60,000 habitants (1); elle avait, selon Monfalcon, six lieues de circuit (2); elle jouit, sinon dès le premier jour, du moins bientôt après, du *jus italicum*, du droit italique, sécurité de la personne et exemption des impôts (3). Elle eut comme toutes les colonies, comme tous les municipes, sa libre administration intérieure, ses magistrats, sa police et ses revenus; et, sans aucun doute, cette magnifique cité romaine, Lugdunum, nous offrirait une ample moisson de faits et d'institutions curieuses, si sa vie municipale nous était parfaitement connue.

Des inscriptions, trouvées sur les tombeaux et sur les monuments, nous ont appris l'existence de certaines magistratures et révélé les noms de quelques magistrats; ces renseigne-

(1) Auguste Bernard, *Origines du Lyonnais*, p. 79.

(2) Monfalcon, *Histoire monumentale de Lyon*, t. VI, p. 7.

(3) Voir Henri Martin, *Histoire de France*, t. I, p. 199; — Amédée Thierry, *Histoire des Gaulois*, t. II, p. 185 et 186; — Dureau de la Malle, *Économie politique des Romains*, t. I, p. 323.

ments épigraphiques sont les seuls matériaux mis à la disposition de l'historien. Pour les éclairer et les comprendre, pour les lier entre eux et reconstituer ainsi le système municipal qui régnait, il y a dix-huit siècles, sur les bords de nos deux rivières, il faut recourir à l'analogie, il faut demander aux autres cités de l'empire les détails de l'organisation de toutes les villes romaines. Telle est la méthode que nous emploierons dans ce chapitre.

Mais, en face de la colonie de Munatius Plancus, se dressait, sur la rive gauche de la Saône, un autre centre de population, héritier immédiat de l'ancien bourg gaulois de Condat, dont nous avons admis l'existence dans le chapitre précédent. Ce rendez-vous des marchands de plusieurs tribus ne dut pas être détruit par la conquête ; il ne put qu'augmenter d'importance, car nous savons, d'une façon générale, que si les oppidum, les places fortes, disparurent pour la plupart avec la liberté, il n'en fut pas de même des emporium, qui trouvèrent dans l'influence civilisatrice des conquérants les causes nouvelles d'un rapide développement.

Le bourg de Condat prit seulement un

nouveau caractère; sans cesser de rester le rendez-vous commercial des Gaules, il en devint en même temps le rendez-vous religieux. Peu de temps avant sa mort, qui eut lieu l'an 9 avant Jésus-Christ, Drusus, le commandant des armées romaines dans les Gaules, voulant unir entre eux et par un lien sacré tous ces peuples récemment soumis, fit élever, par les soixante nations gauloises, un autel en l'honneur de Rome et d'Auguste; et pour emplacement de cet autel il choisit le Pagus Condatensis !

Ce Pagus fut dès lors un territoire commun à toute la Gaule, comme sont aujourd'hui, dans la grande république américaine, le district de Columbia et la ville de Washington, qui ne dépendent d'aucun des États de l'Union (1). Chaque année, au mois d'août, les députés des soixantes nations se réunissaient devant l'autel de Rome et d'Auguste, en une sorte de Congrès. Ils délibéraient sur les intérêts religieux et patriotiques des Gaules; ils pourvoyaient, par des contributions communes, à l'entretien de l'*arca galliarum*,

(1) Voy. Monfalcon, *Histoire monumentale de Lyon*, t. I, p. 51, 91 et 92.

le trésor des Gaules, et pour administrer ce trésor, pour présider aux jeux et aux cérémonies du culte, ils instituaient des magistrats dont l'épigraphie lyonnaise nous a conservé les noms (1).

Quelques-uns étaient d'un ordre purement financier : c'étaient l'*inquisitor Galliarum*, sorte de contrôleur général du trésor, répartissant entre toutes les tribus l'impôt voté par l'assemblée des délégués de la Gaule ; le *judex arcæ Galliarum*, un juge, ou plutôt un juré, prononçant sur les contestations auxquelles donnait lieu la perception de l'impôt ; enfin, l'*allector arcæ Galliarum*, le percepteur de tous ces subsides.

A côté d'eux, étaient les prêtres et les fonctionnaires religieux. D'abord, le pontife perpétuel et le collège des soixante aruspices, dont le nombre semble indiquer que chacun d'eux représentait, auprès de l'autel national, une des tribus de la Gaule, et qu'on environnait d'un tel respect, que, seuls, ils avaient le droit de sépulture dans l'intérieur de la

(1) Voy. Monfalcon, *Histoire monumentale de Lyon*, t. I, p. 98, et t. VII, p. 20 et 22.

cité (1). Puis, les *sévirs augustaux* et les *dendrophores,* des édiles et des directeurs des jeux sacrés, choisis parmi les plus riches propriétaires, les marchands les plus notables, car souvent les spectacles dont ils avaient la charge devaient être payés de leurs propres deniers (2). Par compensation, ils prenaient place parmi les *honores,* faveur qui les mettait au rang des plus importants fonctionnaires, tels que les légats, les décurions et les duumvirs.

Les *sévirs augustaux* furent institués par Tibère ; à Lugdunum, ils étaient au nombre de six. Quant aux *dendrophores,* il semble que c'était une corporation de bûcherons char-

(1) Menestrier, *Histoire civile ou consulaire*, p. 76.

(2) Nous empruntons à Monfalcon, t. VII, p. 14, la traduction d'une inscription de notre musée lapidaire, qui nous montre les fonctions de sévir jointes à l'exercice d'une profession industrielle : « N° 9 : Aux dieux « mânes et au repos perpétuel de Claudius Rusonius « Secundus, sévir augustal de la colonie Claudia Copia « Augusta de Lugdunum, et marchand de saies, Claudius Rusonius Myron, sévir augustal de Lugdunum, « honoré, centonaire honoré, marchand incorporé de « saies, son co-affranchi et héritier de ses bons exem- « ples, seul, j'ai érigé ce monument par son ordre, et « je l'ai dédié sous l'*ascia.* »

gés d'exploiter les forêts qui, dans ce pays des druides, gardaient encore un caractère sacré.

Mais le Pagus Condatensis ne conserva pas jusqu'à la fin de l'empire son existence autonome et ses magistratures fort curieuses. Il est probable que le voisinage, l'identité de certains intérêts, enfin, la force des choses amenèrent peu à peu le bourg de la rive gauche et la grande cité de la rive droite de la Saône à se confondre dans une administration commune. Si elle ne fut pas accomplie auparavant, cette réunion dut résulter, en tout cas, de la grande réorganisation administrative du IVe siècle, commencée par Dioclétien et achevée par Constantin, son successeur.

Le bourg de Condat n'eut donc qu'une durée éphémère ; dans notre cadre, il ne peut occuper qu'une place restreinte ; c'est un véritable hors-d'œuvre, un épisode original, à coup sûr, de notre histoire municipale, mais un épisode isolé, sans grande liaison avec les institutions passées, et à peu près sans influence sur les institutions à venir.

Nous allons voir qu'il n'en fut pas de même

de la colonie romaine placée sur le versant et le sommet de Fourvière, de Lugdunum, la capitale des Gaules.

Les colons romains de Lugdunum possédaient, nous l'avons dit déjà, les droits municipaux les plus étendus. Un *légat*, un *procurateur*, envoyés de César, veillaient aux intérêts généraux de l'État ; à eux le pouvoir politique, l'armée, la justice, les routes, les postes, la levée des impôts et la gestion des finances de l'empire. Mais, aux citoyens de la colonie, restait l'administration de leur police, du premier degré de la justice, de la voirie, du culte, des spectacles et des jeux, des biens communaux et du produit des taxes locales. Le champ était vaste ; peu de nos républiques modernes laissent à leurs municipalités une indépendance administrative aussi complète ! Comment et par qui ces droits se trouvaient-ils exercés ?

Il n'est pas douteux qu'au début, tous les soldats qui suivirent Munatius Plancus élurent eux-mêmes, en citoyens romains qu'ils étaient, les premiers chefs de leur colonie. Sous Auguste et surtout sous Claude, le droit de cité ayant été accordé aux principaux

Gaulois (1), ce furent, dès lors, tous ou presque tous les habitants qui participèrent à l'administration des affaires municipales. Ils se divisaient, sans doute, en curies, comme cela avait lieu à Rome; là, ils délibéraient, puis ils nommaient non-seulement leurs magistrats, mais aussi les décurions, qui formaient une sorte de sénat devant surveiller la conduite des différents fonctionnaires.

Le collège des décurions se composait de soixante membres titulaires; les dix premiers se nommaient *decemprimi*. Il était complété par des auditeurs, des apprentis décurions, en nombre inconnu, et qui venaient là se préparer, par une participation silencieuse, à une direction plus effective de la chose publique (2).

Comme toutes les assemblées, le conseil des décurions usurpa peu à peu. Stimulés par l'esprit de corps pendant que les citoyens

(1) César avait trouvé 450,000 citoyens romains; Auguste en laissa 4,114,000; Claude en compta 6,944,000, soit une population de 28,000,000 d'âmes. Champagny, *Les Césars*, t. II, p. 45.

(2) Voy. Monfalcon, *Histoire monumentale de Lyon*, t. I, p. 100 et 101.

de Lugdunum négligeaient de se rendre dans leurs curies pour y exercer le droit de suffrage, les décurions parvinrent à se soustraire à l'élection. Les anciens magistrats et les patrons de la cité furent décurions de droit; le conseil se compléta par des notables que les magistrats en fonctions choisissaient, tous les cinq ans, parmi les principaux habitants. Les auditeurs au conseil des décurions se désignaient aussi de la même façon.

La transformation du décurionat ne s'arrêta pas là ; il est à présumer qu'il fut ensuite viager, avant de devenir héréditaire sous le Bas-Empire; on peut croire, enfin, qu'il ne laissa pas toujours au peuple le droit de choisir les administrateurs de la cité.

De ces administrateurs, nous énumérerons seulement les plus importants (1).

La Municipalité avait pour chefs deux *duumvirs*, sorte de consuls, qui présidaient le conseil des décurions, assuraient le bon ordre dans la cité, administraient la police, et jugeaient les causes criminelles et civiles au

(1) Voy. Monfalcon, *Histoire monumentale de Lyon*, t. I, p. 100 et suiv.

premier degré. On appelait de leurs décisions au tribunal du légat, et les jugements du légat pouvaient être portés devant l'empereur lui-même.

Au sujet de cette organisation judiciaire, nous devons mentionner une lacune dans les renseignements que l'épigraphie lyonnaise nous a fournis. On sait que, pendant les premiers siècles de l'empire, le magistrat, quel qu'il fût, duumvir ou gouverneur, ne faisait, dans ses jugements, que déterminer le point de droit et laissait à un simple citoyen, le *judex*, le soin de décider la question de fait (1); telle est l'origine du jury moderne. Rien ne nous autorise à croire qu'il n'y eût pas de judex, à Lugdunum, auprès du tribunal des duumvirs ; cependant nous n'en trouvons de trace dans aucune des inscriptions venues jusqu'à nous. La question reste donc entourée d'une certaine obscurité ; aussi nous contentons-nous d'indiquer seulement cet office du judex, sans y insister.

Un autre magistrat, le *duumvir quinquen-*

(1) Voir, sur le rôle du *judex*, Guizot, *Histoire de la civilisation en France*, t. I, p. 43.

nal, remplissait les fonctions de censeur; tous les cinq ans, il classait les citoyens, déterminait pour chacun d'eux la place qu'il occuperait dans la cité et la somme d'impôts qu'il aurait à payer. C'est, sans doute, le duumvir quinquennal qui dressait la liste des notables et des auditeurs appelés à siéger au conseil des décurions.

La direction de la voirie municipale, l'entretien des rues, la surveillance des monuments, appartenaient aux Édiles. Ceux-ci, de même que les duumvirs, étaient probablement nommés pour une année; quant aux fonctions des quinquennales, elles ne pouvaient durer moins de cinq ans.

Ces trois magistratures étaient rangées parmi les *honores;* elles procuraient à leurs titulaires une entière exemption d'impôts.

Parmi les autres fonctionnaires municipaux qui méritent d'attirer notre attention, citons encore :

Les *quator viri,* chargés de l'entretien des rues; ils commandaient aux commissaires de quartier, et ils avaient également la direction du corps des *speculatores,* l'équivalent de nos sergents de ville;

Le *præfectus frumenti dandi,* faisant les distributions de blé au peuple de Lugdunum ;

Un *contrôleur des deniers,* emploi institué par Antonin le Pieux et qui consistait à tenir les registres de la ville, à inscrire la naissance des enfants, à régulariser ce que nous nommons l'état civil (1) ;

Un *curator reipublicæ,* fonctionnaire impérial, envoyé dans la cité par César, pour y surveiller la gestion des magistrats municipaux et y réprimer leurs abus (2).

Enfin, le *questeur*, l'administrateur des biens et revenus de la cité, son ministre des finances, et dans les villes romaines cet emploi ne devait pas être une sinécure.

(1) Il ne sera pas sans intérêt de rappeler ici ce que dit, de l'état civil dans les provinces romaines, Émile Egger dans ses *Mémoires d'histoire ancienne et de philologie*, p. 127 :

« Une loi de Marc-Aurèle régularisa pour Rome et « étendit aux provinces l'usage de la déclaration obli- « gatoire (des naissances) devant un magistrat dont le « registre faisait autorité, et nous savons, par un texte « précis d'Apulée, que le registre des naissances por- « tait, outre le nom des parents et celui de l'enfant, la « date marquée par le nom des consuls et la signature « de l'officier public. »

(2) Dareste, *Histoire de France*, t. I, p. 93.

Il fallait des ressources abondantes pour subvenir aux besoins multiples des municipalités. Nombre de dépenses qui sont aujourd'hui charges d'État, restaient alors charges communales (1). Le budget de l'empire doit nous paraître bien peu de chose : 300 millions de francs pour une population de 120 millions d'âmes (2). Mais d'autant plus considérable était ce budget des villes, qui fournissait à la construction et à l'entretien des murailles et des prisons, des théâtres et du cirque, des greniers et du forum, des bains publics, des ponts, des routes, des aqueducs, ce budget qui payait aussi les distributions de blé, et les dépenses des jeux et du culte !

La plupart des villes possédaient un domaine, en dehors de leur enceinte ; ces biens étaient quelquefois exploités directement ; mais, le plus souvent, on les donnait à ferme, pour en tirer une redevance, qui s'élevait

(1) Sous l'empire, dit Dureau de la Malle, la plus grande partie des charges et dépenses était restée communale.

(*Économie politique des Romains*, t. II, p. 405.)

(2) Voy. Champagny, *Les Césars*, t. II, p. 428 à 434.

d'ordinaire au dixième du produit des grains et au cinquième des fruits. Ces fermages, qu'on payait tantôt en argent et tantôt en denrées, formaient le plus gros article des recettes communales.

Mais, à Lugdunum le domaine était restreint. La cité nouvelle, ayant été détachée du territoire des Ségusiaves, ne s'étendait que sur un petit canton, dont la ville même occupait sans doute la plus grande partie. Ses biens ne pouvaient donc lui fournir que de faibles revenus, et il fallait qu'elle trouvât dans l'impôt la principale ressource de son budget.

Il n'est pas sans exemple que les municipalités romaines se soient imposé des taxes directes, probablement semblables aux taxes impériales, la *capitation* pour les personnes, la *jugera* pour les biens. Cependant, elles avaient plus souvent recours aux taxes indirectes, aux impôts de consommation, dont la fiscalité romaine nous offre une collection si riche et si variée.

Sur les routes, sur les ponts, sur les rivières et à l'entrée des ports, on payait le *portorium*, droit de passage ou d'entrée, variable selon la marchandise transportée, mais en général fort lourd, puisque, s'il faut en croire Dureau de la Malle, il allait jusqu'au huitième de la valeur de l'objet taxé (1). Le portorium, comme nos octrois modernes, était un impôt à la fois local et national ; celui qui se payait à l'entrée des villes appartenait pour une part, peut-être la plus forte, à la municipalité (2).

Il est probable aussi que le trésor impérial ne profitait pas seul des divers impôts qu'on percevait dans le forum ou marché des villes. C'était l'odieux impôt sur les ventes, le *centesima rerum venalium*, qui frappait de un pour cent toutes les denrées de consommation (3) ; l'impôt sur les esclaves, du cinquantième ; l'impôt sur les procès jugés au forum, et qui atteignait le quarantième de la somme en litige (4). Enfin, le monde romain avait aussi ses impôts des portes et fenêtres *(ostiarium)* (5), des patentes *(vectigal artium)* (6),

(1) *Économie politique des Romains*, t. II, p. 459.
(2) *Id.*, t. II, p. 458.
(3) *Id.*, t. II, p. 460 et 462.
(4) *Id.*, t. II, p. 468.
(5) *Id.*, t. II, p. 486.
(6) *Id.*, t. II, p. 488.

une taxe sur les artisans et les boutiquiers (le chrysargyre), d'autres encore sur les célibataires et sur les veuves (1), mais on ignore si les villes touchaient une part du produit de ces différents impôts (2).

Ce doute n'existe pas pour l'impôt des *aqueducs et des égouts*. Celui-là était à coup sûr une taxe communale, et probablement pour sa totalité.

Les villes qui avaient fait construire des aqueducs, des égouts, des latrines publiques, en conservaient la propriété, qu'elles exploitaient comme le reste de leurs biens (3). Les égouts se donnaient à ferme, et les fermiers connaisaient déjà l'art d'en tirer grand profit. Quant aux aqueducs, ils procuraient un tel revenu qu'on avait édicté des lois spéciales à leur sujet et que tout un corps de fonctionnaires était chargé de leur administration. Les *curatores villici*, les *castellarii* surveillaient

(1) *Économie politique des Romains*, t. II, p. 490.

(2) On peut consulter aussi, pour l'ensemble des impôts romains, Levasseur, *Histoire des classes ouvrières*, t. I, p. 74 et 75.

(3) Voy. Dureau de la Malle, *Économie politique des Romains*, t. II, p. 476 et 480.

et gardaient les eaux de la cité (1) On punissait sévèrement quiconque s'était permis, sans autorisation, de dériver sur son terrain l'eau des aqueducs; la peine pouvait aller jusqu'à la confiscation de la propriété ainsi frauduleusement arrosée.

Mais le droit de prise d'eau s'accordait aux propriétaires pour une redevance assez modique, et, dans la ville même, on en usait pour arroser les jardins et pour remplir les bains et les piscines des particuliers. De là le nom d'*impôt des jardins*, que cette taxe portait aussi.

Si l'on songe qu'il existait à Lugdunum quatre aqueducs (2) amenant l'eau de fort loin, traversant les campagnes environnantes dans toutes les directions ; si l'on se souvient également des palais nombreux qui ornaient cette capitale des Gaules, on comprendra combien

(1) Clerjon, *Histoire de Lyon*, t. I. p. 121.

(2) Les aqueducs de la Brévenne, de Bonnand, de Miribel et d'Écully. — Selon M. Léger (*Le service des eaux à Lugdunum et à Lyon. — Lyon scientifique et industriel*, 1879), la consommation journalière moyenne des eaux, à Lugdunum, dépassait 1,300 litres par habitant.

l'agriculture d'une part, et de l'autre les somptueuses habitations de l'aristocratie romaine devaient payer de redevances à l'administration des aqueducs. Cet impôt était donc l'un des plus fructueux pour le budget de la cité.

Mais, en dehors des revenus du domaine et des impôts, les Romains connaissaient aussi les *corvées*. Ils les employaient pour un grand nombre, on pourrait presque dire pour tous leurs travaux publics. Les propriétaires, *possessores*, devaient fournir au fisc une quantité déterminée d'ouvriers ou d'esclaves, pour la construction des routes et des ponts, les réparations des aqueducs et du forum, le transport des grains, etc. Selon la nature des travaux à effectuer, il y avait des corvées pour l'empire et d'autres pour la municipalité; parmi ces dernières, on peut ranger cette disposition insérée au Digeste et rappelée par Dureau de la Malle, d'après laquelle chaque propriétaire, dans les villes, devait paver la rue devant sa maison et entretenir le pavé (1).

En voilà plus qu'il ne faut pour qu'on puisse

(1) Dureau de la Malle, *Économie politique des Romains*, t. II, p. 484.

se représenter, avec suffisamment d'exactitude, le budget des recettes de l'antique Lugdunum. Le revenu des biens, les aqueducs, les péages, les impôts de consommation en formaient la base; la plupart des travaux publics s'accomplissaient par corvées, et, pour les besoins extraordinaires, sans doute on frappait tous les citoyens d'une taxe spéciale proportionnée à leur faculté imposable, d'une sorte de surcharge à la capitation impériale.

Mais nous ne donnerions qu'une idée bien incomplète de la vie municipale à Lugdunum, si nous passions tout à fait sous silence ses industries, son commerce, ses institutions littéraires et surtout ses collèges d'artisans. Dans le monde antique, la corporation fait partie de l'organisation politique des cités, et il est d'autant plus indispensable d'en suivre les développements dans cette histoire municipale de Lyon, que nous la retrouverons, au moyen âge, comme base du pouvoir consulaire et de la commune.

Il existait à Lugdunum deux genres d'industries, et par conséquent deux genres de collèges : les industries libres et celles que dirigeait l'État.

Les lieutenants de César, voulant faire de Lugdunum le point d'appui de leur domination en Gaule, l'avaient pourvu d'une fabrique d'armes, d'un hôtel des monnaies et d'un gynécée, c'est-à-dire d'un atelier de femmes tissant les étoffes, surtout des vêtements pour les soldats (1). A la tête de chacun de ces ateliers, on plaçait un fonctionnaire de l'État, un *procurator* ou intendant (2) ; à Lugdunum, les directeurs de la fabrique des monnaies portaient aussi le nom de *triumviri monetales* (3). Les ouvriers qui y travaillaient étaient soumis à des règles spéciales et fort sévères.

Le gynécée ne renfermait probablement que des esclaves, car l'antiquité romaine ne connaissait pas le travail de la femme libre : l'ouvrière est une création de l'industrie moderne.

Dans les ateliers d'armes et des monnaies, on trouvait pêle-mêle des esclaves et des artisans d'origine libre, mais traités à peu près

(1) Voy. Dareste, *Histoire de France*, t. I, p. 134, et Levasseur, *Histoire des classes ouvrières*, t. I, p. 37.

(2) Dareste, *Histoire de France*, t. I, p. 134.

(3) Monfalcon, *Histoire monumentale de Lyon*, t. I p. 97.

aussi durement que les esclaves eux-mêmes. Ils étaient la chose de l'atelier, auquel les attachait une loi impitoyable; on les marquait d'un fer rouge pour qu'ils ne pussent s'enfuir (1); plus tard on leur imprima sur la main le nom de l'empereur. Non-seulement on châtiait l'artisan fugitif, mais encore tous ceux qui s'étaient rendus complices de sa fuite devenaient ouvriers de l'État, et cette pénalité devait s'envisager, avec raison, comme la pire de toutes (2).

Les industries des subsistances et des transports étaient soumises aussi à une réglementation analogue (3). Les boulangers, les bouchers, les naviculaires et les portefaix appartenaient à l'Etat; leur travail était un service public, tarifé d'avance, et qui les exemptait de toute autre charge. De même que les artisans des manufactures d'armes ou des monnaies, ils ne pouvaient être astreints ni à la milice, ni aux corvées, ni aux impôts.

Dans tous les autres métiers, l'artisan était

(1) Levasseur, *Histoire des classes ouvrières*, t. I, p. 39.

(2) *Id.*, t. I, p. 39.

(3) *Id.*, t. I, p. 44 et 46.

libre, du moins pendant les premiers siècles de l'empire, et aucune entrave ne pesait sur lui que les règles, volontairement observées, de l'association ou collège dont il faisait partie. Au début, les premiers Césars avaient conçu quelques craintes de ces collèges d'artisans; ils les prohibèrent d'abord, mais, s'apercevant de l'inutilité de leurs défenses, ils se contentèrent de les surveiller. Quelques empereurs allèrent plus loin : Marc-Aurèle autorisa les collèges à recevoir des legs (1), et Alexandre Sévère leur donna des règlements, une administration, une juridiction spéciale dont il étendit les bénéfices à tous les métiers (2).

On ne peut nier que ces associations n'aient rendu de grands services aux classes industrielles de l'empire. Le collège solidarisait les intérêts d'une profession; les artisans y trouvaient une protection, un appui, l'assistance contre la misère et, en cas de mort, des secours aux veuves et aux orphelins. On y connaissait déjà la touchante et fraternelle institution du banquet, que nous reverrons à l'origine des

(1) Levasseur, *Histoire des classes ouvrières*, t. I, p. 30.
(2) *Id.*, t. I, p. 31.

confréries du moyen âge. En résumé, c'était comme une grande famille qui réunissait tous les ouvriers d'un même métier, ou, lorsqu'il s'agissait de métiers trop faibles, tous les ouvriers d'un groupe de professions analogues.

Pour les grands métiers, le collège était sectionné par quartiers ; il se divisait encore en décuries et centuries (1). Il avait ses magistrats, les *duumvirs* ou *quatorvirs*, élus par tous les adhérents (2). Il avait aussi, en dehors de la profession, ses protecteurs, ses membres honoraires, comme nous dirions aujourd'hui, et parmi ces derniers il choisissait des *sévirs*, chargés de l'entretien du culte, — car, chez les anciens, chaque corporation avait ses dieux, comme chaque foyer —. On confiait à quelque autre riche notable de la cité les fonctions de *curateur quinquennal*, ce qui devait être une sorte de surveillance des biens communs (3). Enfin, le collège décernait le

(1) Levasseur, *Histoire des classes ouvrières*, t. I, p. 54 et 55.

(2) *Id.*, t. I, p. 62.

(3) De nombreuses inscriptions lyonnaises rappellent les noms de personnages qui furent sévir ou curateur quinquennal de différents collèges d'artisans ; ainsi,

titre honorifique de patron à l'homme le plus influent qu'il pouvait trouver, et il s'assurait ainsi un défenseur et un répondant auprès de l'administration impériale. Un sévir augustal, Culatus Méléagre, fut à la fois le patron de tous les collèges de Lugdunum (1).

Les associations qui présentaient de tels répondants ne manquaient pas de prospérer, et elles voyaient s'accroître rapidement leurs biens. Des dons, des legs, venaient s'ajouter aux droits d'entrée et aux contributions régulières payées par les adhérents ; le fisc lui-même aidait à leur fortune en leur abandonnant les biens des associés qui mouraient sans héritiers (2). Aussi quelques-uns justifiaient-ils, par leurs richesses, le nom qu'on leur donnait de *splendides collèges ;* ils possédaient des terres, qu'ils affermaient et dont ils partageaient les revenus entre leurs adhérents ; ils avaient jusqu'à des esclaves (3) !

nous trouvons cité dans Monfalcon, t. VII, p. 26 : « Minthatius Vitalis, deux fois curateur quinquennal « des marchands de vins, sévir des ouvriers utricu- « laires. »

(1) Levasseur, *Histoire des classes ouvrières*, t. I, p. 64.

(2) *Id.*, t. I, p. 57 à 61.

(3) *Id*,, t. I, p. 62.

Tous n'étaient pas aussi riches, cependant, et, à côté des splendides collèges, existaient, en grand nombre, les *collèges des petites gens.*

Nous mentionnerons brièvement les plus importantes de ces corporations (1) ; ce sera indiquer, en même temps, quelles industries florissaient à Lugdunum à l'époque de sa plus grande prospérité, c'est-à-dire vers le IIe siècle de notre ère. Au premier rang, il faut placer les *nautes* ou bateliers ; puis venaient les *utriculaires*, tonneliers ; les *tignarii,* charpentiers ; les *vascularius argentarius,* orfèvres ; les *tectores,* couvreurs ; les *librarii,* copistes ; les *bibliopolæ;* libraires ; enfin, des peigneurs ou cardeurs de laine, des fabricants de toile, des marchands de blé et d'huile, des potiers, etc.

Lugdunum était donc une ville de commerce ; les marchands de toute la Gaule apportaient à son magnifique forum, construit par Trajan, les pelleteries du Nord, les grains du Centre, les vins et les huiles du Midi. C'était aussi une ville de plaisirs ; le séjour du légat

(1) Voy. Monfalcon, *Histoire monumentale de Lyon,* t. I, p. 105 à 108.

et souvent la présence de l'empereur lui-même y multipliaient les fêtes, les représentations du théâtre ou du cirque et les distributions de blé. Enfin, elle brillait encore dans le monde romain par ses concours d'éloquence (1), et il est probable qu'on y trouvait des écoles de rhétorique et de belles-lettres dignes d'une aussi grande cité (2).

Voilà donc ce qu'était devenue, en moins de deux siècles, une colonie fondée par une

(1) Voir, à ce sujet, les vers de Juvénal, que traduit ainsi M. de la Saussaye, dans son *Histoire littéraire de Lyon*, p. 15 :

« Pâle comme un rhéteur, tremblant d'émotion,
« Qui monte sur l'autel des concours de Lyon. »

C'est qu'en effet Caligula avait mis comme loi de ces concours que les vaincus devraient effacer leurs discours avec la langue, s'ils ne voulaient être précipités dans le fleuve. (Suétone, *Les douze Césars*.)

(2) Nous ne réveillerons pas la querelle des savants lyonnais, au sujet de l'Athénée qu'Auguste aurait établi à Lugdunum, et que les uns veulent voir au lieu d'Ainay, tandis que d'autres le transportent sur l'autre rive de la Saône, dans notre vieux quartier de Saint-Georges. De telles questions importent peu à l'histoire de nos institutions municipales, et nous ne nous arrêterons aux écoles qui, à diverses époques, ont pu exister dans notre ville, que lorsque leurs règlements et leurs programmes d'enseignement nous seront mieux connus.

troupe de soldats chassés de Vienne et cherchant quelque autre lieu plus hospitalier. Sans doute, la faveur impériale, qui ne manqua à Lugdunum ni sous les premiers Césars ni sous les Antonins, dut aider puissamment à cette étonnante prospérité, mais, ce qui y contribua aussi, — et nous devons à l'impartialité de l'histoire de le reconnaître, — ce fut le régime du Haut-Empire romain qui, à travers sa corruption et son despotime, eut du moins certains mérites qu'il ne faut point oublier.

L'administration du Haut-Empire, odieuse et scandaleuse à Rome, fut pourtant, dans les provinces, plus équitable et plus douce que ne l'avait été l'administration de la République ; le gouverneur se livrait moins aux exactions que le proconsul ; Licinius est assurément un saint si on le compare à Verrès ! L'empire ne demandait à ses sujets que d'être soumis et de lui fournir les hommes et l'argent dont il avait besoin ; sur ce point même, ses exigences n'étaient pas énormes, puisqu'il ne levait que 40 millions d'impôts dans toute la Gaule (1). Pour tout le reste, il

(1) Sur une population de 10,000,000 d'âmes. (Voy.

ne tracassait guère les populations. Il ne gouvernait presque pas ; il laissait les cités et les provinces libres de s'administrer à leur fantaisie, après qu'elles avaient satisfait aux charges de l'Etat.

Ce régime se nommerait, de nos jours, l'autonomie de la commune, et c'est celui qui permet le mieux à une ville nouvelle, telle que l'était Lugdunum, de grandir et de se développer. Aussi rien ne put alors arrêter son expansion ; détruite plusieurs fois par des incendies (1), des tremblements de terre, elle renaquit toujours de ses cendres. L'heure de la décadence va sonner pourtant, mais elle coïncidera avec un changement dans les maximes politiques ; elle sera amenée par le Bas-Empire.

Dureau de la Malle, *Économie politique des Romains*, t. I, p. 313.

(1) En l'an 59 après J.-C. — Néron donna alors 4 millions de sesterces (800,000 fr.) aux Lyonnais pour les aider à rebâtir leur cité, l'ornement de la Gaule.

(Henri Martin, *Histoire de France*, t. I, p. 232.)

Chapitre III

LE BAS-EMPIRE. — DÉCADENCE

Sommaire : Le sac de Septime Sévère. — Trèves capitale des Gaules. — Les principaux. — Le fonctionnarisme. — Condition des Curiales. — Gouvernement de Byzance. — Pouvoir de l'évêque. — Les deux tribuns du peuple. — Ruine des cités. — Corporations obligatoires. — Les professions héréditaires. — Le siècle des rhéteurs.

En 197, Lugdunum fut pillé et saccagé par les soldats de l'empereur Septime Sévère, contre qui il avait pris parti ; ce malheur semble avoir été irréparable. L'empire traversait alors cette période d'anarchie, qui ne dura guère moins d'un siècle, et pendant laquelle les légions se disputaient partout le droit d'imposer un maître au monde civilisé. Ces compétitions sans fin, ces coups d'État militaires, la guerre civile ravageant toutes les provinces, formaient des conditions d'existence peu favorables au relèvement d'une cité qui ne vivait que par le commerce, c'est-à-dire par l'ordre et la paix.

Vers le IVe siècle, cependant, une réorganisation de l'empire eut lieu, par les soins de Dioclétien et de Constantin, son successeur; mais cette réorganisation qui, à proprement parler, ouvrit l'ère du Bas-Empire, fut peut-être plus funeste à Lugdunum que l'anarchie elle-même. Il y perdit tout ce qui avait fait sa prospérité pendant le Haut-Empire : son titre de capitale des Gaules et la faveur des empereurs, la liberté civile et l'autonomie de son administration municipale que ne respecta plus un pouvoir tracassier, toujours avide d'argent, dont il avait besoin pour combattre et souvent pour acheter les Barbares, qui de tous côtés menaçaient l'empire.

Dans la nouvelle division des provinces due à l'empereur Constantin, les Gaules furent administrées par un préfet du prétoire, qui fixa sa résidence à Trèves; Lugdunum descendit au rang de chef-lieu de province, gouverné par un simple consulaire. Le titre de métropole religieuse des Gaules, que cette ville gagna à l'établissement du christianisme, ne fut qu'une bien faible compensation au préjudice que lui causa sa décapitalisation politique.

Elle fut privée ainsi de l'éclat que lui avait si longtemps valu la cour brillante qui entourait le légat, et la nombreuse cohorte d'opulents fonctionnaires qui l'accompagnait partout. Le consulaire n'avait rien de tout cela; mais, en revanche, il s'immisça bien plus fréquemment dans les affaires de la cité; poussé par les besoins financiers de l'empire, il intervint à tout propos, il empiéta sans cesse et ne laissa bientôt plus qu'une ombre d'autorité aux magistrats municipaux, réduits au rôle de simples percepteurs pour le compte du fisc.

A vrai dire, de magistrats municipaux il n'en existait plus; les duumvirs avaient disparu; Dioclétien les remplaça par des *principaux* dont il se réservait la nomination (1). Il en fut ainsi, sans doute, de toutes les autres magistratures municipales; partout le bon plaisir impérial se substituait à l'élection libre; pour administrer des sujets, il n'était nul besoin de magistrats, il suffisait de fonctionnaires! Aussi est-ce le temps où florissait le fonctionnarisme; c'est l'époque décrite

(1) Voy. Dareste, *Histoire de France*, t. I, p. 120.

par Lactance, où le nombre des fonctionnaires dépassait celui des contribuables (1). L'empire appartient aux commis; ils sont tous nobles, du haut en bas de l'échelle administrative, les uns *illustres*, *spectabiles, clarissimi*, les autres modestes *perfectissimi* ou *egregii*, mais tous exempts d'impôts, ce qui faisait peser d'autant plus lourdement les charges sur le reste de la population.

Mais, entre toutes les charges, celle qu'on redoutait le plus alors, c'était l'honneur d'appartenir au collège des décurions! Les décurions avaient été rendus héréditaires, et ce fut considéré comme une aggravation de leur servitude. C'était bien une servitude en réalité : le décurion était le serf du fisc. Il répondait sur ses biens de la levée des impôts; il devait pourvoir aux besoins de l'État et à

(1) « D'après les calculs de l'abbé Dubos, confirmés « par Gibbon, la Gaule romaine, plus étendue d'un « quart que la France actuelle, ne contenait pas plus « de 500,000 contribuables. »

(Sismondi, *Histoire des Français*, t. I, p. 69.)

« Le nombre des salariés, dit Lactance, devenait « plus considérable que celui des contribuables qui les « payaient. »

(Henri Martin, *Histoire de France*, t. I, p. 286.)

ceux de la municipalité. Si la richesse publique baissait, si le nombre des propriétaires diminuait, si le rendement des taxes s'amoindrissait chaque jour, peu importait à César, la fortune des décurions était là pour combler le déficit !

Aussi, c'était à qui s'affranchirait de la Curie. On sollicitait cette dispense tout comme celle du service militaire ou des impôts, et on l'obtenait à titre de récompense pour des services rendus, ou d'encouragement pour des fonctions utiles. Étaient exempts de faire partie de la curie tous les grands, tous les sénateurs, tous les nobles, d'origine gauloise ou romaine, tous les fonctionnaires de l'empire ; et cette exemption s'étendit peu à peu aux médecins, aux grammairiens, aux professeurs de belles-lettres, aux ecclésiastiques, à quiconque avait servi dans l'armée, au père de famille qui avait donné cinq enfants à l'État (1).

En dehors de ces privilégiés, la curie était obligatoire pour tout propriétaire possédant plus de 25 arpents de terre. Mais on ne lui

(1) Voy. Henri Martin, *Histoire de France*, t. I, p. 296.

permettait pas de vendre cette propriété, qui le rendait esclave du fisc impérial; le malheureux était enfermé dans sa curie comme dans une étroite prison, et s'il voulait s'enfuir, aller habiter la campagne, passer dans une autre condition, se faire soldat ou prêtre pour recouvrer sa liberté, il devait au préalable abandonner ses biens à la curie ou lui fournir un autre curiale à sa place. La mort elle-même ne parvenait pas à arracher au fisc sa victime, car le curiale transmettait sa servitude à son fils, et, s'il n'avait pas d'héritier, ses biens retournaient à la curie (1).

A nulle autre époque de l'histoire, on ne trouve l'exemple de magistratures municipales exercées dans de pareilles conditions. Le Bas-Empire semble destiné à montrer à quel degré de tyrannie et d'oppression peut descendre un régime où manquent les garanties politiques. Rien ne fait contre-poids au tout-puissant arbitraire des fonctionnaires de l'empire; point de loi qui protège les citoyens, point de magistrature indépendante du maître; la vie

(1) Voy. Guizot, *Histoire de la civilisation en France*, t. I, p. 54.

et les biens de tous sont à la merci de César. Les tribunaux sont un leurre, la justice n'est plus que l'art de pratiquer légalement la spoliation. On a supprimé le *judex* (1), réduit les attributions de la juridiction municipale; le gouverneur ou consulaire peut, à son gré, appeler toutes les causes devant lui. C'est le gouvernement de Byzance : il y a uniformité parfaite dans le despotisme!

Dans cet abaissement général, un seul pouvoir a conservé un peu de dignité, et pendant que tout le reste s'asservit chaque jour davantage, lui, au contraire, va s'affranchissant de plus en plus : c'est le pouvoir religieux. Là est en germe une société nouvelle, et même les institutions municipales de l'avenir. L'évêque est non-seulement le chef religieux de la cité, mais il ne tarde pas à en devenir le principal magistrat.

Lyon fut, sans doute, une des premières villes chrétiennes des Gaules. Dès 177, des adeptes de la secte nouvelle, appartenant à toutes les classes de la population, avaient

(1) Guizot, *Histoire de la civilisation en France*, t. I, p. 43.

été traduits devant les magistrats. Leur supplice eut le résultat de tous les martyres; il propagea leurs idées et y attira de nombreux adhérents. La propagande s'étendit si rapidement pendant le IIIe siècle, que la majorité peut-être du peuple lyonnais professait le christianisme, lorsque vint Constantin, qui en fit la religion dominante de l'empire.

Dans cette réorganisation administrative dont nous avons déjà parlé, Constantin donna une place au représentant de la religion chrétienne, à l'évêque. Il lui accorda le droit de siéger dans la curie, et comme il fut ainsi le seul curiale pour qui cet honneur ne constituait pas une charge détestée, il y prit bientôt le premier rang (1).

En dehors de la curie, il possédait, d'ailleurs, d'autres attributions qui ne cessèrent de s'accroître. Il était un peu juge de paix : en matière civile, les parties pouvaient se concilier devant lui, et plus tard, ce simple arbitrage acquit force de loi. Dans certains cas, il connaît des causes de testament, de mariage (2); enfin, le peuple, ne trouvant que

(1) Henri Martin, *Histoire de France*, t. I, p. 317.
(2) Dareste, *Histoire de France*, t. I, p. 141.

ce tribunal qui ne fût pas asservi, devait s'y porter de préférence et peu à peu délaisser toutes les autres juridictions pour la juridiction épiscopale.

De la même époque date aussi une autre magistrature, protectrice du peuple, que Valentinien institua en 365 : celle du *défenseur des cités* (1). Toute la population devait élire ce nouveau tribun, nommé pour cinq ans au début, et, plus tard, seulement pour deux années. Lorsque vint l'invasion des Barbares, presque partout le défenseur avait déjà disparu, ou du moins été subordonné à l'évêque; à Lugdunum, il y a plus, on ne retrouve aucune trace de cette magistrature du Bas-Empire; il faut qu'elle n'y ait eu qu'une durée bien éphémère, et que, dans cette ville chrétienne, ces deux pouvoirs tribunitiens aient été de bonne heure réunis dans la même main, dans la main du chef de la religion professée par la majorité des habitants.

Aux premières attributions de l'évêque de Lugdunum, il nous est donc permis de joindre celles que les lois de l'empire accor-

(1) Henri Martin, *Histoire de France*, t. I, p. 317.

daient au défenseur; c'est-à-dire un droit supérieur de surveillance, qui s'étendait à la conservation des propriétés municipales, à la répartition des impôts et de toutes les charges publiques, à la justice, au commerce des denrées, à la subsistance du peuple, etc. (1). Ajoutons encore que l'évêque disposa, depuis Justinien, de la juridiction correctionnelle, et depuis Héraclius, de la juridiction criminelle sur les prêtres, les moines, les religieux, sur tous les clercs en un mot (2), et l'on comprendra la haute importance de ce double rôle de pasteur et de magistrat, qui, rendant celui qui l'exerçait inviolable et sacré par son côté religieux, et populaire par son côté social, le mettait bien au-dessus de tous les fonctionnaires de l'empire, au-dessus peut-être du gouverneur lui-même.

Lugdunum fut ainsi administré, jusqu'à la fin de la domination romaine, par le représentant de l'empereur et par le ministre de Dieu. Sous leur direction, les ressources de la cité

(1) Voyez sur le *Défenseur*, Augustin Thierry, *Considérations sur l'histoire de France*, ch. VI.

(2) Guizot, *Histoire de la civilisation en France*, t. I, p. 352.

et le produit des impôts furent employés aux besoins de l'empire et de l'Église, beaucoup plus qu'à l'entretien des services municipaux. Et ces ressources avaient diminué, ces impôts ne rendaient que bien peu de chose. Jadis les villes possédaient des biens qu'elles donnaient à ferme : Constantin s'en était emparé (1). Elles recevaient parfois des donations, des legs, ordinairement affectés aux jeux ou à la construction des monuments publics; mais, sous l'influence du christianisme, on donna à l'église plutôt qu'à la curie (2). Enfin, les corvées avaient perdu de leur importance, parce que le nombre des corvéables s'était sensiblement réduit; en étaient exempts, sous des prétextes divers, l'armée, le clergé, l'administration, les professeurs, les artisans, etc. (3).

(1) Voyez Guizot, *Essai sur l'histoire de France*, p. 18.

(2) *Id.*, p. 22.

(3) « L'exemption fut attribuée, d'abord, à la milice « du palais : officiers des cours et fonctionnaires éle- « vés. Ensuite accordée ou vendue aux sénateurs, « professeurs d'éloquence ou de grammaire, à l'armée « entière, au clergé chrétien, à des villes et à des cor- « porations privilégiées. »

(Dareste, *Histoire de France*, t. I, p. 118.)

Restait donc, pour alimenter le trésor municipal, le revenu des aqueducs, des égouts et des péages. Mais que devaient produire ces redevances des aqueducs et des égouts, au milieu de l'appauvrissement général? Avait-on besoin de prises d'eau pour remplir les piscines des palais abandonnés, ou pour arroser des terrains que le propriétaire, surchargé d'impôts, ne cultivait plus ? En fin de compte, il fallait toujours recourir aux péages, aux taxes de consommation, les augmenter sans cesse; c'est-à-dire entraver le commerce, écraser l'industrie, et pousser à sa dernière extrémité la misère publique. Serrées dans ce dilemme effroyable, les villes demandaient à l'emprunt de remplacer leurs ressources disparues; elles s'adressaient aux usuriers, aux publicains, et, pour en tirer un peu d'argent comptant, elles leur engageaient d'avance leurs revenus: nouvelle et infaillible cause de ruine!

Dans ce Bas-Empire, toujours à court d'argent, on comprend que la rentrée des impôts devint la principale préoccupation; pour en assurer la perception, on use des moyens les plus invraisemblables, on va jusqu'à charger les collèges d'artisans du recouvrement de la taxe industrielle, appelée chrysargyre. On fut ainsi solidaire de son voisin ; s'il ne pouvait payer, le fisc ne devant rien perdre, on augmentait d'autant votre quote-part (1).

Cette merveilleuse invention fiscale produisit bientôt de telles conséquences, que chacun voulut fuir sa corporation, comme nous avons vu plus haut qu'on abandonnait la curie. Alors la loi lia l'artisan à son collège ; elle lui défendit de quitter sa profession ; elle confisqua les biens et s'empara de la personne des délinquants. Ne se fiant pas complètement à l'intérêt qu'avait un collège à ne point perdre ses associés, on le frappa, en outre, d'une forte amende lorsqu'il ne dénonçait pas les fugitifs.

Voilà la situation des corporations *libres*. Qu'on juge ce que devaient être les professions réglementées et asservies ! Les précautions contre les ouvriers de l'État atteignent à un degré inouï de barbarie : dans le Code de

(1) « Les commerçants et artisans libres, organisés « en corporations, furent solidairement responsables « de l'impôt industriel. »

(Henri Martin, *Histoire de France*, t. I, p. 330.)

Justinien, on ordonne de décapiter celui qui aura brûlé une étoffe; les enfants d'un ouvrier de l'État appartiennent à l'atelier. Quant à ceux qui exercent les professions de subsistances, les bouchers, les boulangers, les naviculaires, non-seulement ils sont rigoureusement liés à leur métier, mais encore on rend ce métier héréditaire (1). Le fils ou le gendre de l'artisan doit succéder au défunt; pour le gendre, le divorce même ne l'en affranchit pas. Le boulanger ne peut quitter sa profession sans fournir un successeur; sinon, tous ses biens reviennent à la corporation.

Sous cet affreux régime, l'ancienne prospérité de Lugdunum ne périt cependant pas tout à fait. Sa situation admirable, au confluent de rivières descendues de tous les points de l'horizon, maintient encore le commerce de cette cité. On la signale, au temps de Stilicon, comme un des greniers de l'empire (2); elle

(1) « C'est au IVe siècle que les boulangers, bou-
« chers, naviculaires se voient irrévocablement attachés
« corps et biens à leur métier. »

(Levasseur, *Histoire des classes ouvrières*, t. I, p. 81.)

(2) Menestrier, *Histoire civile ou consulaire*, p. 161.

n'a pas cessé d'être le grand marché où les commerçants byzantins viennent s'approvisionner, en remontant le cours du Rhône.

Et même, dans ce IVe siècle, elle brille d'un éclat littéraire qu'on retrouve souvent aux époques de décadence et chez les peuples dégénérés. Avant Constantin, on cite déjà ses écoles municipales, que dirigeait un rhéteur célèbre, Titianus (1). Leur réputation ne cessa de grandir ; l'étude de la philosophie et du droit vinrent se joindre à celle de la rhétorique et de la grammaire (2), et Lugdunum ne tarda pas à mériter le titre de *Gymnase public de l'empire en deçà des mers* (3).

Mais tout cet éclat est factice ; l'enseignement donné, dans ces écoles municipales, par des professeurs sans indépendance à des étudiants sans liberté, semble s'arrêter à de stériles jeux d'esprit (4). Sans influence sur les fou-

(1) De la Saussaye, *Histoire littéraire de Lyon*, p. 157.

(2) Voyez l'édit de Gratien (376), cité par Guizot, *Histoire de la civilisation en France*, t. I, p. 115.

(3) De la Saussaye, *Histoire littéraire de Lyon*, p. 158.

(4) Voy., sur le régime des écoles municipales, Guizot, *Histoire de la civilisation en France*, t. I, p. 132 et 133.

les, il pâlit visiblement devant la concurrence des écoles ecclésiastiques qui s'élèvent de tous côtés.

C'est que le despotisme flétrit infailliblement tout ce qu'il touche. La société impériale en meurt ; elle se décompose, s'en va d'elle-même, ne laissant partout que des ruines, et, au milieu de ces ruines, apparaissent deux éléments jeunes et vivaces, l'Église et les Barbares, qui, en se rencontrant, vont créer une société nouvelle.

Chapitre IV

ÉPOQUE GERMANIQUE

Sommaire : I. *Les Burgundes :* Invasion des Burgundes. — Les partages. — Liberté des Curies. — Protectorat de l'évêque. — L'évêque appelle les Franks. — II. *Les Mérovingiens :* Domination franke. — Fin des élections ecclésiastiques. — Anarchie aristocratique. — Lyon indépendant. — Transformation de l'impôt. — Disparition des écoles. — L'hôpital de Childebert. — III. *Les Carolingiens :* Renaissance du IXe siècle. — Administration ecclésiastique. — Le scabinat. — Misère et servage. — La Juiverie.

I. — Les Burgundes.

Les Burgundes ne vinrent pas en ennemis dans nos contrées. Ils y furent appelés par les populations elles-mêmes, lasses d'un gouvernement à la fois tyrannique et impuissant, qui opprimait sans pouvoir garantir aucune sécurité.

D'ailleurs, ces Barbares, s'ils méritaient peut-être les épigrammes de Sidoine Apollinaire, n'en avaient pas moins des mœurs

6

relativement assez douces (1). Les guerriers dont se composaient leurs bandes, — quelques milliers d'hommes tout au plus, — ne deman-

(1) La douzième poésie de Sidoine, adressée à Cattulinus, et que nous reproduisons ici, est un curieux témoignage de l'impression, méprisante et ironique plutôt qu'effrayée, que produisaient ces Barbares sur les Romains de la décadence.

« A Cattulinus : Qui ? Moi ? Quand même je le
« pourrais, écrire des chants d'hymen alors que j'ha-
« bite parmi les hordes chevelues, que je suis forcé
« d'entendre le langage barbare du Germain et d'ap-
« plaudir, en me faisant violence, à ce que chante,
« dans son ivresse, le Burgunde qui se parfume la tête
« d'un beurre rance ?

« Veux-tu savoir d'où vient que ma veine poétique
« se glace ? Effrayée par la lyre discordante des Bar-
« bares, ma muse dédaigne des vers qui ont six pieds,
« depuis qu'elle voit des protecteurs qui en ont sept.
« Heureux tes yeux, heureuses tes oreilles, heureux
« ton nez lui-même, car il ne sent pas dix fois chaque
« matin l'odeur fétide de l'ail et de l'oignon ! Tu n'es
« point forcé, comme si tu étais leur grand-père, ou
« le mari de leur nourrice, de recevoir, avant le jour,
« ces énormes géants que pourrait contenir à peine la
« cuisine d'Alcinoüs.

« Mais déjà ma muse se tait et s'arrête, après avoir
« badiné dans ce petit nombre d'hendécasyllabes, de
« peur qu'on ne regarde ces vers comme une satire. »

(Sidoine Apollinaire, *Œuvres*, traduction Grégoire et Collombet. Paris-Lyon, 1836.)

daient qu'à se procurer une existence paisible dans les pays conquis. Chaque Burgunde entrait, en qualité d'hôte, dans la maison d'un propriétaire romain, qui devait pourvoir à ses besoins (1). Plus tard, cet état d'indivision cessa par un partage ; le Burgunde prit les deux tiers des biens et le tiers des esclaves, condition qui, en réalité, n'était pas bien dure, car il y avait de nombreuses terres incultes, et le maître possédait souvent plus d'esclaves qu'il n'en pouvait nourrir (2).

Le partage effectué, un ordre nouveau fut créé et la stabilité se rétablit. L'épée des Burgundes protégeait les Romains contre d'autres envahisseurs ; on se remit au travail et on eut bientôt réparé les pertes produites par

(1) Voy. Monfalcon, *Histoire monumentale de Lyon*, t. I, p. 157 et suiv.

(2) « Les Burgundes n'envahirent que les grandes « propriétés ; ils prirent la moitié des forêts, des cours « et jardins ; les deux tiers des terres labourées ; le tiers « des esclaves. »

(Henri Martin, *Histoire de France*, t. I, p. 381.)

« . . . Ce qui ne veut pas dire les deux tiers de toutes les terres du pays, mais les deux tiers de toutes « les propriétés territoriales dans chaque lieu où s'établit un Barbare un peu considérable. »

(Guizot, *Essai sur l'histoire de France*, p. 92.)

les ravages précédents. Les Burgundes encourageaient l'industrie, à leur manière, en accordant aux artisans une *composition* plus élevée qu'aux laboureurs : à ceux-ci, 30 solidi seulement, tandis que pour un charpentier on payait 40, pour un forgeron 50, et pour un bon ouvrier en or, 100 solidi (1).

Le commerce de Lugdunum ne fut donc pas interrompu pendant longtemps; et, au surplus, alors même que la guerre ravageait tout le pays d'alentour, il lui restait toujours ses rivières pour trafiquer et transporter les marchandises. Cette ville était un refuge où les riches propriétaires romains accouraient se mettre en sûreté. Aussi passe-t-elle, au Ve siècle, pour l'une des plus grandes cités de la Gaule et la véritable capitale de la Burgundie. Elle s'entoure de murailles ; elle s'étend dans la presqu'île formée, au-dessous de Saint-Sébastien, par le Rhône et la Saône, commençant ainsi son mouvement de l'ouest à l'est, qui n'a pas cessé jusqu'à nos jours (2).

(1) Guizot, *Histoire de la civilisation en France*, t. I, p. 328.

(2) Monfalcon, *Histoire monumentale de Lyon*, t. I, p. 160.

Non-seulement Lugdunum ne paraît pas avoir perdu à ce remplacement de la domination romaine par la domination burgunde, mais encore il est présumable qu'il y gagna beaucoup en libertés. Les Burgundes respectèrent la plupart des institutions de l'empire, et surtout ils se gardèrent bien de s'immiscer dans l'administration des villes. Les fonctionnaires impériaux s'étant enfuis, ces Barbares ne trouvèrent en face d'eux que les magistratures locales, les curies, avec qui ils traitèrent les questions de partage, en leur laissant le soin de gérer les affaires des cités.

Les rois burgundes, lorsqu'ils ne séjournaient pas à Lugdunum, y établissaient un *comte*, chargé de commander les soldats, de présider aux jugements, de percevoir les impôts; quant au reste, ils n'intervenaient guère, et le temps des curies libres semblait revenu. Les chaînes forgées par le Bas-Empire étaient tombées avec lui ; le curiale n'était plus esclave de sa curie; l'artisan n'était plus prisonnier dans sa corporation (1). On retourne

(1) Voyez Augustin Thierry, *Considérations sur l'histoire de France*, ch. v.

au régime primitif; le principe aristocratique baisse et il est probable que l'hérédité a tout à fait disparu ; la curie se compose de tous les notables et, sans doute, les magistrats sont de nouveau désignés par l'élection. A la faveur de cet immense bouleversement, on s'est démocratisé (1).

(1) Guizot a retrouvé, dans le *Breviarium* d'Alaric, des indications précises sur le régime municipal chez les Visigoths. Il les résume en ces termes :

« Non-seulement la municipalité romaine subsiste, « mais elle a acquis plus d'importance et plus d'indé- « pendance ; à la chute de l'empire, les gouverneurs « des provinces romaines, les *præsides*, les *consulares*, « les *correctores* ont disparu ; à leur place on aperçoit « les comtes barbares. Mais les attributions des gou- « verneurs romains n'ont pas toutes passé aux com- « tes ; il s'en est fait une sorte de partage : les unes « appartiennent aux comtes ; ce sont, en général, « celles où le pouvoir central est intéressé, comme la « levée des impôts, des hommes, etc. ; les autres, celles « qui ne concernent que la vie privée des citoyens, « sont allées à la curie . . . . . . Le principe d'orga- « nisation de la curie devient démocratique. »

Et Guizot ajoute : « Tout indique que le *Breviarium* « d'Alaric devint la loi des Romains dans toutes les « contrées de la Gaule qu'avaient possédées les Bour- « guignons comme les Visigoths. »

(*Histoire de la civilisation en France*, t. I, p. 323, 324, 325 et 329.)

La curie a recouvré aussi sa juridiction. Sous la présidence nominale du comte, qui dirige la délibération et prend les avis, les curiales jugent, selon les lois romaines, tous leurs compatriotes gallo-romains (1).

Mais, sous l'influence des idées et des mœurs germaniques, la nature des peines a considérablement changé. L'homme libre est rarement frappé dans sa personne; il se rachète par une amende lorsqu'il a failli. C'est à cette époque que le droit de juridiction commence à prendre un caractère financier ; bientôt le pouvoir y trouvera la principale source de ses revenus.

Probablement, le produit des amendes prononcées par le tribunal de la curie revenait à la cité; en dehors de cela, il ne semble pas qu'elle ait eu d'autres ressources que les péages et le tonlieu que les Barbares lui laissaient librement percevoir à son profit (2).

(1) Voy. Augustin Thierry, *Histoire du Tiers-Etat*, p. 300 et 301.

(2) « Des péages étaient perçus aux portes des villes, « mais ils appartenaient à chaque curie, et ils étaient « destinés à pourvoir aux dépenses municipales. »

(Sismondi, *Histoire des Français*, t. I, p. 296.)

Augustin Thierry pense que la plupart des impôts

Les habitants de Lugdunum ne pouvaient guère souhaiter davantage ; ils avaient leur administration municipale, leurs tribunaux, et ils disposaient de leurs finances. Par dessus tout cela, ils possédaient, en outre, un gardien vigilant de ces libertés : leur évêque, le président, le véritable chef de la curie (1).

A vrai dire, la curie n'est peut-être qu'une ombre ; l'évêque est tout. A cette époque, ce sont les suffrages de tous les fidèles qui le nomment, et, soit comme prêtre, soit comme magistrat municipal, nous le voyons à chaque instant traiter avec les Barbares, agir au nom de la cité, stipuler pour les habitants des garanties, des réductions d'impôts, ou même la liberté de certains prisonniers (2).

romains subsistèrent, mais en passant entre les mains des curies ; et il ajoute : « La *municipalisation* de « l'impôt fut le ressort matériel qui, joint au ressort « moral de l'autorité des évêques, maintint dans les « villes l'ancien régime social. »

Considérations sur l'histoire de France, ch. v.

(1) « Après la dissolution du régime romain, l'évê- « que devint, par sa promotion religieuse fondée sur « l'élection populaire, membre et président du corps « municipal. »

(Augustin Thierry, *Histoire du Tiers-Etat*, p. 299.)

(2) Voyez Monfalcon, *Histoire monumentale de*

En somme, ce gouvernement est double; il y a deux têtes dans chaque ville : le comte et l'évêque. Il n'était pas facile de les maintenir longtemps d'accord, surtout lorsque les querelles religieuses envenimaient le conflit politique. Dans la Burgundie, l'évêque triompha de son adversaire en appelant les Franks.

II. — Les Mérovingiens.

La domination franke servit l'unité de l'Eglise, car les descendants de Clovis étaient orthodoxes tandis que les Burgundes suivaient la doctrine d'Arius, mais elle nuisit à l'indépendance des villes et même au pouvoir municipal de l'évêque. Les rois mérovingiens essayèrent, au VIe siècle, dans la Burgundie comme dans la Neustrie, de faire revivre à leur profit l'ancienne autorité impériale. Ils voulurent rétablir l'odieuse fiscalité romaine; ils traitèrent les villes comme des propriétés royales que, par simple testament, ils léguaient

Lyon, t. I, p. 186 — et Guizot, *Histoire de la civilisation en France*, t. I, p. 254.

à leurs héritiers ; enfin, ils intervinrent dans les élections ecclésiastiques, afin de placer les biens de l'Eglise, déjà considérables, dans les mains de leurs favoris.

A Lyon, cette usurpation eut lieu pour la première fois sous Childebert, en 552, lorsque Nizier succéda à son oncle Sacerdos par la volonté du roi (1). A son tour Priscus succéda à Nizier, grâce à la faveur de Gontran, et on renonça dès lors à la libre élection par les fidèles.

On conçoit que cet évêque, désigné par le roi, ne devait plus être le chef de la municipalité, ce magistrat populaire que nous avons vu dans les siècles précédents. Désormais choisi parmi les grands et recevant son évêché comme un bénéfice, il nous paraîtra un seigneur plutôt qu'un prêtre ; un seigneur partageant les aspirations de sa caste, cherchant à s'affranchir de toute suzeraineté, et intimement mêlé aux luttes de son époque entre l'aristocratie et la royauté.

Le roi Gontran avait, de nouveau, mis dans

(1) Voyez Monfalcon, *Histoire monumentale*, t. V, p. 7, — et Clerjon, *Histoire de Lyon*, t. II, p. 183 et 206.

les villes un comte, à côté et peut-être au-dessus de l'évêque (1). Mais, en 615, après la mort de Brunehaut, il se produisit une réaction nobiliaire ; les droits du roi sont restreints, ceux de l'évêque étendus. On lui confirme l'entière juridiction sur les clercs (2) ; en outre, il peut recevoir, concurremment avec le comte, la dénonciation des crimes de vol, de sédition et d'incendie.

Ces deux seigneurs, le laïque et l'ecclésiastique, gouvernent donc la cité en commun ; quant à la curie, depuis que son ancien chef démocratique a passé à l'ennemi, elle est complètement asservie. L'histoire municipale de Lyon ne sera plus, pendant longtemps, que l'histoire de ses maîtres, et surtout de son évêque.

Evêques et comtes entraînent cette ville dans les guerres civiles qui signalent la fin du VIIe siècle ; ils se servent de sa milice

(1) Voyez Menestrier, *Histoire civile ou consulaire de la ville de Lyon*, p. 210, — et Monfalcon, *Histoire monumentale*, t. I, p. 192. — A Lyon, le premier de ces comtes ou gouverneurs fut Armentarius.

(2) Édit de Chlotaire II, qu'on trouve cité et commenté par M. Lehuërou, dans ses *Institutions carolingiennes*, p. 503 et 504.

pour se rendre indépendants (1). Après avoir énergiquement combattu contre le célèbre maire du palais Ebroïn (2), ils furent deux fois sur le point de créer un petit Etat libre, séparé de la monarchie mérovingienne : en 674, après la mort de Chilpéric II, et, en 714, après celle de Pépin d'Héristal (3). On assure même que, pour favoriser leurs projets d'indépendance, ils ne craignirent pas d'appeler les Sarrasins à leur secours (4).

Il fallut que Charles-Martel, le redoutable guerrier, vînt, en personne, rattacher Lyon à l'empire frank. Ce conquérant païen, traitant l'évêque en ennemi, laissa vacant pendant vingt-deux années (732-754) le siège épiscopal de notre ville.

(1) Les milices des cités, dit M. Dareste, étaient composées, comme sous les empereurs, de recrues que les propriétaires fournissaient à l'État. (*Histoire de France*, t. I. p. 219.)

(2) « Saint Léger, adversaire d'Ebroïn, avait pour « lui l'évêque de Lyon. » (Michelet, *Histoire de France*, t. I, p. 283). Voy. aussi Henri Martin, t. II, p. 152 et 158.

(3) Voyez Monfalcon, *Histoire monumentale de Lyon*, t. I, p. 194, et Henri Martin, *Histoire de France*, t. II, p. 177.

(4) Voyez dans la *Collection lyonnaise*, t. 59, *Note sur le Lyonnais*, par M. A. Vingtrinier, p. 10 et suiv.

Cette époque d'anarchie, pendant laquelle les rois mérovingiens sont surnommés *fainéants*, achève de détruire toute l'ancienne organisation romaine, qui avait survécu jusqu'au VIe siècle. Le VIIe et le VIIIe siècle préparent le moyen âge, c'est-à-dire une société qui résultera de la combinaison des mœurs germaniques avec les idées chrétiennes, et qui amènera une transformation profonde dans les institutions municipales.

Déjà le trésor public a disparu ; on a cessé de percevoir des impôts qui, selon les opinions du temps, seraient un signe de servitude (1). Cela ne veut pas dire que les besoins des gouvernements ont diminué, tant s'en faut ; seulement il y est pourvu d'une nouvelle manière qui mérite un instant d'attention.

Le gouvernement n'est plus une fonction, c'est une propriété ; les sujets ne sont plus

(1) « Waitz croit qu'au VIIIe siècle, l'impôt direct a « cessé d'exister. » (Dareste, *Histoire de France*, t. I, p. 328.) — « Il est probable, dit aussi Sismondi, que « la résistance des Francs aux impôts, avait causé leur « abolition pour les Gaulois. »

(*Histoire des Français*, t. I, p. 295.)

des administrés, ce sont les choses possédées, esclaves ou serfs du chef, du leude, du seigneur. Toute la population tend à se diviser en deux camps bien distincts : d'un côté, les libres, les guerriers, qui ne doivent rien que le service de leur épée ; de l'autre, les non-libres, qui supportent toutes les charges, non plus sous forme d'impôt public, mais sous forme de redevance privée envers le propriétaire.

Mais si ce propriétaire se trouve être le comte, l'évêque ou l'une de nos puissantes abbayes de Saint-Pierre, d'Ainay, de l'Ile-Barbe, les redevances qui lui sont dues remplacent alors l'ancien trésor public ; elles subviennent à tout ce qui était jadis services municipaux, à l'entretien des monuments, des routes, à la police, aux écoles, à l'assistance. Voilà comment s'est modifié le budget de Lugdunum ; les taxes y sont inconnues, mais les mêmes revenus se perçoivent sous le nom de droits seigneuriaux.

Ainsi s'en va tout ce qui rappelle le monde romain, et, entr'autres, les brillantes écoles municipales du IVe siècle. Leur réputation s'était maintenue, au Ve siècle, pendant l'époque burgunde; elles avaient encore des professeurs célèbres : Eusèbe y enseignait la philosophie, Hoéné et Victor la poétique. On dit aussi que, sous Gondebaud, Viventiole était à la tête d'une école de rhétorique (1). Mais ces écoles ne résistèrent pas à la domination franke; au VIIe siècle, on n'en rencontre plus aucune mention (2). A leur place, quelques écoles épiscopales, d'un enseignement tout à fait rudimentaire, se tenaient dans les monastères ou dans la cathédrale, et elles ne parviendront à prendre un peu d'essor que sous Charlemagne.

Les seules institutions qui paraissent se maintenir pendant cette période sont les institutions de bienfaisance. La charité tend à se développer sous l'influence chrétienne; le trésor épiscopal est largement ouvert pour les besoins des pauvres. Une lettre de Sidoine Apollinaire à saint Patient, évêque de Lyon, nous apprend qu'au Ve siècle on avait gardé la coutume des distributions de blé (3) :

(1) Monfalcon, *Histoire monumentale de Lyon*, t. I, p. 175.
(2) *Id.*, t. I, p. 193.
(3) Poullin de Lumina, *Histoire de l'Église de Lyon*, p. 67.

« Vous avez distribué gratuitement aux peu-« ples désolés tout le blé dont ils avaient « besoin. » Au VIe siècle, un concile, tenu à Lyon en 583, décide l'établissement d'une léproserie qui sera entretenue aux frais de l'Église. Enfin, peu de temps auparavant, saint Eucher avait établi dans la ville de nombreuses recluseries (1), et fixé l'aumône qu'on devait donner régulièrement aux reclus à dix deniers par semaine, qui équivaudraient peut-être à 25 fr. de nos jours (2).

Mais la principale institution charitable de cette époque est l'hôpital de Notre-Dame de Lyon, qui dut être fondé, en 548 ou 549, par le roi Childebert et sa femme Ultro-

(1) Quatorze recluseries : dix d'hommes et quatre de filles. Monfalcon cite, pour les hommes, les recluseries de Saint-Barthélemy, Saint-Irigny ou Irénée, Saint-Marcel, Saint-Hilaire, Saint-Clair, Saint Sébastien, Saint-Martin de la Chana, Saint-Epipode et Saint-Vincent ; et pour les filles : Sainte-Magdeleine, Sainte-Marguerite et Sainte-Hélène. (*Histoire monumentale*, t. I, p. 186 et 187.

(2) Guérard évalue le denier de l'époque mérovingienne à 0 fr. 23 c., qu'il faut décupler pour obtenir la valeur relative.

(*Polyptique d'Irminon*, p. 155 et 158.)

gothe (1). Les archéologues lyonnais contestent aujourd'hui que ce premier hôpital fut construit sur l'emplacement de notre Hôtel-Dieu actuel ; ils inclinent plutôt à croire qu'il était situé dans le quartier Saint-Paul, à l'endroit qu'occupe actuellement la place de la Douane (2). Quoi qu'il en soit, la date de sa création n'est guère douteuse, puisque cet hospice est mentionné dans le quinzième canon du concile d'Orléans, tenu en 549, sous la présidence de notre évêque Sacerdos. Nous pouvons donc dire, avec l'auteur des lettres-patentes royales de 1729, que « l'hôpital de Lyon est le plus ancien des hôpitaux de France (3) ».

Cet établissement embrassait l'assistance sous toutes ses formes ; il devait procurer des secours et un refuge non-seulement aux malades, mais aussi aux pèlerins, aux pauvres, aux vieillards, aux infirmes, aux orphelins.

(1) Voyez Clerjon, *Histoire de Lyon*, t. II, p. 184 et suiv., et Poullin de Lumina, *Histoire de l'Église de Lyon*, p. 80 et 81.

(2) Voyez Guigue, *Recherches sur Notre-Dame*, p. 136.

(3) Clerjon, *Histoire de Lyon*, t. II, p. 190.

Les dépenses étaient couvertes par des aumônes, l'administration confiée à des fonctionnaires spéciaux, à la nomination et sous la surveillance des autorités de la cité, ce qui revient à dire de l'évêque.

Sous cette protection toute-puissante, l'hôpital de Childebert put traverser les siècles agités dont nous venons de parler, attendre des jours meilleurs et un régime plus stable, qui vinrent avec les premiers empereurs carolingiens (1).

(1) M. Léopold Niepce dit, d'après le P. Bullioud, qu'avant l'hôpital de Childebert, il y avait déjà à Lugdunum, « principalement aux portes de la ville, des « hospices pour les malades et les nécessiteux. » Il en fait ainsi l'énumération :

« Le *Xenodochium*, l'hôpital des pélerins ;

« Le *Nosocomium*, l'hôpital des malades ;

« Le *Orphanotrophium*, l'hôpital des enfants orphe-« lins ;

« Le *Ptochotrophium*, l'hôpital des pauvres ;

« Le *Gérontoconium*, l'hôpital des vieillards ;

« Le *Brephotrophium*, l'hôpital des fous et des en-« fants.

(Léopold Niepce, *Les Archives de Lyon*, p. 298 et 299.)

III. — Les Carolingiens.

Le IXe siècle fut une époque de renaissance pour la cité lyonnaise; il pansa quelques-unes des blessures qu'avaient pu faire deux cents années de troubles et de guerres incessantes. Charlemagne, qui aimait à se servir d'hommes d'Église, plus aptes que les hommes d'épée à seconder ses projets de réorganisation, envoya à Lyon un de ses anciens *missi dominici*, Leydrade, non-seulement comme archevêque, mais encore avec des pouvoirs administratifs qui le rendaient l'égal d'un gouverneur ou d'un comte (1). A Leydrade succéda un autre archevêque des plus remarquables, Agobard, qui essaya d'obtenir une réforme judiciaire et l'abolition de la loi Gombette (2). Pendant

(1) Voyez Clerjon, *Histoire de Lyon*, t. II, p. 240.

(2) Parlant de ces efforts de l'archevêque Agobard, Poullin de Lumina dit (*Histoire de l'Église de Lyon*, p. 118) : « Il fit tant auprès de l'empereur Louis et lui « démontra si bien, dans un écrit qu'il lui adressa à « ce sujet, combien elles (les lois Gombettes) étaient « incompatibles avec la piété et la justice d'un bon

près d'un demi-siècle, sous la direction de ces deux hommes supérieurs, Lyon retrouva une ère de calme, d'ordre et de paix, qui dut rappeler un peu de son ancienne prospérité.

Quoique d'origine purement germanique, l'empire carolingien s'inspira surtout des traditions romaines. Sous une forme nouvelle, il rendit aux villes quelque chose de l'ancienne juridiction des curiales. Le représentant de l'empereur, le comte ou vicomte, jugeait assisté de sept notables pris dans la curie, si elle existait encore. C'étaient les *scabins*, dont le nom se transforma au moyen âge en celui d'échevins (1). Devant ce tribu-

« gouvernement, qu'il en obtint l'abrogation, et qu'il « fit substituer à leur place les capitulaires de Charle- « magne et les canons de l'Église gallicane. » Et plus loin : « Les capitulaires de Charlemagne et les canons « de l'Église gallicane, qui furent substitués alors aux « lois des Bourguignons, furent observés dans cette « ville jusqu'au XIe siècle, qu'on y adopta le droit « romain. » Poullin de Lumina a commis ici une erreur dans laquelle Menestrier *(Histoire consulaire*, p. 214) était tombé avant lui ; les efforts d'Agobard furent impuissants, et les lois de Gondebaud restèrent appliquées aux Burgundes jusqu'au XIe siècle.

(1) Voyez, sur l'institution du *scabinat*, Augustin Thierry, *Histoire du Tiers-État*, p. 303 et 304.

nal, le ministère des avocats est interdit; chacun doit plaider sa cause en personne (1).

Mais l'influence ecclésiastique reparaît dans un capitulaire de la fin du règne de Charlemagne, qui met au-dessus des échevins la juridiction épiscopale : le plaideur peut toujours porter sa cause devant l'archevêque, dont la décision est alors sans appel (2).

Ce régime fait aussi de louables efforts pour régulariser le système financier de l'État et des villes. L'impôt direct est rétabli, à ce qu'on croit ; un cens personnel et un cens territorial sont payés, non pas à l'empereur, mais au seigneur du lieu (3). On s'occupe de reconstituer le domaine, soit de l'empereur, soit de l'Église : Charlemagne possède en *villas* au moins la quinzième partie du territoire, et quant aux biens ecclésiastiques, ils comprennent la bonne moitié du pays (4). Le principal soin de l'archevêque Leydrade fut de se faire restituer les propriétés que

(1) Capitulaires de 802-803. Voyez Henri Martin, *Histoire de France*, t. II, p. 345.

(2) Henri Martin, *id.*, t. II, p. 361.

(3) Dareste, *Histoire de France*, t. I, p. 389.

(4) Sismondi, *Histoire des Français*, t. III, p. 101.

l'Église de Lyon avait perdues pendant l'anarchie (1), et il dut laisser, à sa mort, des biens assez considérables pour subvenir à presque tous les besoins de la ville.

L'archevêque percevait, en outre, une redevance sur le travail des habitants, conformément à la décision du concile de Troli (900), qui étend à toutes les productions l'obligation de la dîme : « Que chacun sache, « qu'il soit militaire, négociant ou artisan, « que l'intelligence dont il tire sa nourriture « lui vient de Dieu, et qu'il lui en doit la « dîme (2). »

Enfin, comme sous l'administration romaine, les corvées redeviennent une importante ressource pour les villes ; leur réglementation fait l'objet de plusieurs capitulaires : « Que dans chaque cité nos missi, de con- « cert avec l'évêque et le comte, choisissent

(1) Voyez dans Guizot, *Histoire de la civilisation en France*, t. II, p. 212 et suivantes, la lettre que Leydrade adresse à Charlemagne et où il lui dit : « Il a « plu à votre piété d'accorder à ma demande la resti- « tution des revenus qui appartenaient autrefois à « l'Église de Lyon. »

(2) Voyez Guizot, *Histoire de la civilisation en France*, t. IV, p. 296.

« parmi nos hommes qui y sont domiciliés « ceux qui seront chargés de réparer les ponts « dans chaque localité, et d'enjoindre à chacun « de ceux qui doivent contribuer à leur répa- « ration de s'y employer selon son pouvoir et « son devoir. » — « Qu'on les oblige à en « construire là où le besoin s'en fait sentir « aujourd'hui (1). » C'est par les mêmes moyens que se faisait l'endiguement des fleuves, la construction des chemins et des routes, la réparation des églises paroissiales et, en général, de tous les édifices publics.

Parmi les charges imposées aux propriétaires par l'administration carolingienne, il faut encore citer une véritable taxe des pauvres : « Quant aux mendiants, dit Charlemagne, nous voulons que chacun de nos fidèles « nourrisse ses pauvres, soit sur son bénéfice, « soit dans l'intérieur de sa maison, et ne leur « permette pas d'aller mendier ailleurs (2). » Pour les villes, cette injonction s'adressait probablement à l'évêque.

(1) Capitulaires de Louis I, années 817 et 821. — Voyez Lehuërou, *Institutions carolingiennes*, p. 476 et 477.

(2) Capitulaires, année 806. Voyez Guizot, *Histoire de la civilisation en France*, t. II, p. 169.

Ces mesures sont aisées à expliquer. La misère n'avait pas cessé de s'accroître. Par des usurpations, des extorsions et des fraudes, la propriété foncière s'était concentrée dans un petit nombre de mains. La classe des cultivateurs libres avait disparu ; elle était allée se perdre dans la foule immense des serfs de la glèbe (1). A cette époque l'esclavage diminue, il est vrai, mais le servage monte ; il envahit tout : c'est la grande plainte qu'on entend retentir de toutes parts. Dans les villes mêmes, toute l'industrie, tout le commerce est le monopole de quelques gros trafiquants : à Lyon, ce sont les juifs. Les Carolingiens les avaient appelés pour ramener la vie et le travail dans la cité ; ils leur avaient accordé des garanties ; un magistrat spécial, le gardiateur des juifs, était chargé de leur protection (2). Ils pouvaient se livrer publiquement aux cérémonies de leur culte ; ils bâtirent une synagogue sur le versant de la montagne de Fourvière.

Ces marchands juifs avaient sous leurs

(1) Voyez Sismondi, *Histoire des Français*, t. II, p. 428, et Michelet, *Histoire de France*, t. I, p. 359.

(2) Le comte Évrard, sous Louis le Débonnaire. Voy. Clerjon, *Histoire de Lyon*, t. II, p. 301.

ordres un grand nombre d'artisans ; ils possédaient à peu près toute la richesse de la ville et leur influence y était telle qu'ils triomphèrent de l'hostilité du fougueux archevêque Agobard (1). Pendant quelque temps ce fut une puissance rivale de l'autorité ecclésiastique.

Nous verrons plus loin que le pouvoir archiépiscopal parvint cependant à chasser les juifs, comme il avait chassé, depuis la chute de l'empire romain, tout ce qui fit obstacle à sa domination dans la cité lyonnaise. Les Franks lui avaient aidé à triompher des comtes burgundes, comme les leudes austrasiens l'aidèrent plus tard à se délivrer des prétentions de la royauté mérovingienne. Les premiers chefs de la race carolingienne l'arrêtèrent au moment où il touchait à l'indépendance. Mais l'œuvre de Charlemagne devait être éphémère ; cet empire, formé de mille éléments disparates, ne pouvait se maintenir; ce fut, pour les peuples de l'Occident, ne simple halte avant de reprendre le cours

(1) Lire l'histoire de cette lutte dans Clerjon, *Histoire de Lyon*, t. II, p. 296 et suiv.

fatal de l'histoire qui, depuis l'invasion germanique, les entraînait au morcellement territorial et à l'établissement de la féodalité. Avant deux siècles, la féodalité aura couronné les espérances de l'Église lyonnaise, en faisant de son archevêque un seigneur souverain.

CHAPITRE V

ÉPOQUE FÉODALE

SOMMAIRE : Morcellement de l'empire frank. — Les comtes de Lyon et de Forez. — Chapitre de Saint-Etienne. — Rivalité des comtes et des archevêques. Triomphe du pouvoir ecclésiastique. — Son administration; ses officiers; ses impôts. — La taille féodale. — Les ponts. — L'Ecole des chantres. — Le bourg de Saint-Nizier succède à la Juiverie.

Après le traité de Verdun (843), qui brisa le grand empire frank et ouvrit l'époque féodale, Lyon recommença, pour ainsi dire, son histoire du VIIe siècle; il traversa d'abord une période de désordres et d'anarchie qui, l'isolant peu à peu de toute domination, le conduisit enfin à l'indépendance absolue.

De 843 à 979, cette ville subit tour à tour dix maîtres différents. Dans le partage de l'empire entre les fils de Louis le Débonnaire, elle fut comprise dans le royaume de Lothaire Ier ; de là, elle passa à son fils Charles, roi de Provence, puis à son autre fils Lothaire II. A la mort de ce dernier, Karl le Chauve s'en empara et la réunit à la couronne de France. Elle s'en sépara de nouveau lorsque Boson créa le second royaume de Provence; elle appartint ensuite à son fils Louis l'Aveugle; puis elle oscilla entre le royaume de Bourgogne, le royaume de France et l'empire, sans pouvoir se fixer définitivement sous aucune de ces suzerainetés.

Obéir à tant de gens et pour un temps si court, c'est en réalité n'obéir à personne. Pendant que les royaumes se créaient en un instant et se défaisaient avec la même rapidité, Lyon n'était gouverné que par ses pouvoirs locaux et ne connaissait d'autre autorité que celle du comte et celle de l'archevêque. Mais le Xe siècle est la période guerrière de la féodalité; les hommes d'épée priment les hommes d'Église : aussi est-ce le comte qui s'empara le premier de la souveraineté.

En 890, le comté de Forez et du Lyonnais est devenu héréditaire, sous Guillaume II. Il est partagé en vigueries, subdivisées ellesmêmes en arrondissements; la viguerie de Lyon comprend les trois arrondissements de Lyon, de Villeurbanne et de Chessieux (1).

(1) Voyez Monfalcon, *Histoire monumentale de Lyon*, t. I, p. 223, et t. VIII, p. 257.

Le viguier représente le comte ; il juge en premier ressort dans sa viguerie et va siéger ensuite à la cour suzeraine, où les causes peuvent être portées en appel. Dans cette organisation, toute féodale, il ne paraît pas y avoir place pour les anciens scabins de Charlemagne ; pourtant quelques écrivains croient qu'à ce tribunal, à côté du seigneur ou de son vassal, siégeait aussi une sorte de jury composé de notables habitants (1).

Rien n'indique que la curie soit arrivée à Lyon jusqu'au Xe siècle ; cependant, même sous l'administration féodale du comte, les bourgeois semblent être l'objet de certains égards. On choisit parmi eux un sénéchal, chargé de la police de la cité (2), et qui avait sous ses ordres des bedeaux ou sergents. D'ailleurs, comme cela a lieu pour toute chose à cette époque, le sénéchal reçoit son office en fief ; ce n'est pas un magistrat, c'est un homme-lige, le vassal du comte.

Mais la juridiction ou la souveraineté du comte ne s'étendit probablement jamais

(1) Voyez Boutaric, *La France sous Philippe le Bel*, p. 183.

(2) Voy. Bonassieux, *La réunion de Lyon à la France*, p. 146.

sur la ville tout entière ; d'abord, les clercs ne dépendaient que de la justice du cloître, et, en outre, suivant les idées du moyen âge, qui lient le gouvernement à la propriété, l'archevêque et le chapitre exerçaient la juridiction séculière dans tous leurs domaines, qui étaient considérables.

Nous savons que Leydrade, l'ami de Charlemagne, avait rétabli les affaires de l'Église de Lyon, et qu'à sa mort il la laissa riche et puissante. Il fit plus encore pour sa prospérité future, en créant le chapitre de Saint-Étienne. Pour le service de cette église, alors primatiale, il rassembla les principaux dignitaires ecclésiastiques et mit à leur tête un archidiacre. Ce chapitre devint bientôt célèbre ; ce fut un honneur d'en faire partie; il se recruta dans les plus hautes familles, et chacun de ses chanoines apporta sa part de biens à la masse commune. D'autres donations accrurent aussi ces immenses propriétés ; Louis l'Aveugle, fils de Boson, roi d'Arles, se montra généreux envers l'Église de Lyon, en souvenir de l'archevêque Aurélien, qui avait été son gouverneur et son conseiller (1),

(1) Voy. Monfalcon, *Histoire monumentale*, t. I, p. 215.

et cet exemple dut trouver, surtout à l'approche de l'an 1000, de nombreux imitateurs. En résumé, une énumération des terres de Saint-Étienne, faite en 984, ne comprend pas moins de deux à trois cents domaines, églises, chapelles avec leurs dépendances, où vivaient, en quantité innombrable, des sujets, serfs ou vassaux (1).

C'est donc bien une puissance territoriale qui s'élève, et l'archevêque, le représentant de ce riche chapitre, va se transformer en prince souverain, rival et bientôt vainqueur des comtes de Lyon et de Forez.

Il ne fallait pour cela qu'une occasion ; elle arriva, en 979, par l'élévation au siège archiépiscopal d'un personnage d'illustre naissance, Burchard II, fils et frère des rois de Bourgogne. Burchard prétendit avoir reçu le Lyonnais, en toute souveraineté, comme sa part dans l'héritage de la reine Mathilde, sa mère, et personne ne fut assez fort pour y contredire. Il fit hommage de ce fief à un suzerain que son éloignement rendait peu dangereux, à l'empereur d'Allemagne ; c'était

(1) Voyez Menestrier, *Hist. consulaire*, *Preuves*, p. 1 ; et *Cartulaire de Lyon*, p. 15.

s'affranchir complètement de la domination des comtes de Forez, qui se déclarèrent feudataires du roi de France.

Après la mort du redoutable Burchard, les comtes, ainsi dépossédés, essayèrent de prendre leur revanche. L'un d'eux, Gérard de Forez, crut s'approprier tous les biens de l'Église de Lyon, en lui imposant, pour archevêque, un de ses fils encore enfant. Mais les bourgeois, qui jouent déjà un rôle dans l'histoire de la ville, ne purent s'accoutumer à l'autorité despotique, brutale et soldatesque des officiers du comte; le gouvernement ecclésiastique, mieux ordonné et plus doux, les avait habitués sans doute à d'autres ménagements. Ils jetèrent le poids des forces populaires dans la balance, et une révolte chassa à tout jamais le jeune seigneur de son siège épiscopal et de la cité (1).

A dater de ces premiers combats, les deux pouvoirs restèrent l'un en face de l'autre, armés et ennemis, pendant plus d'un siècle. Chacun d'eux voulait être seul légitime sou-

(1) Voyez Poullin de Lumina, *Histoire de l'Église de Lyon*, p. 176.

verain du Lyonnais; l'Église en possédait, il est vrai, la plus grande partie, mais le comte conservait plusieurs districts, et leurs juridictions s'enchevêtraient et se contrariaient, pour ainsi dire, sur chaque point de la contrée. En 1157, l'archevêque Héraclius profita de la présence à Arbois du grand empereur Frédéric Barberousse pour faire sanctionner les prétentions de l'Église. Barberousse reçut, en effet, son hommage, et par une bulle d'or lui concéda formellement, ainsi qu'à ses successeurs, tous les droits souverains sur la ville de Lyon et les terres de l'archevêché (1).

Cet acte ralluma plus violemment le conflit;

(1) « Nous concédons donc audit archevêque et pri- « mat Héraclius, et, par lui, à tous ses successeurs à « perpétuité, tout le corps entier de la ville de Lyon, « et tous les droits royaux dans les terres de son « archevêché, situées en-deçà de la Saône, tant dedans « que dehors la dite ville, sur les Abbayes et leurs « possessions, les monastères, les églises et leurs dé- « pendances, quelque part qu'elles soient situées, les « comtés, les foires, les duels, les marchés, les mon- « naies, les voitures par eau, les impôts, les péages, « les châteaux, les vallées, les esclaves, les serviteurs, « les tributaires, les décimes, les forêts, les chasses, les « moulins, les eaux, le cours des rivières, les champs, « les prés, les pâturages, les terres cultivées et incul-

le comte dénia à l'empereur le droit de disposer du Lyonnais, et, ne s'en tenant pas aux paroles, il envahit brusquement la ville avec ses hommes d'armes. La guerre dura, avec des alternatives diverses, jusqu'en 1167; le pape Alexandre III la termina alors par un arbitrage. Il imagina une transaction singulière, aux termes de laquelle le comte, aussi bien que l'archevêque, faisait reconnaître sa juridiction à Lyon, et tous deux y percevaient en commun les revenus, tels que péages par eau et par terre, droits de monnaies, leydes, foires, cris, bans et même le produit des jugements (1).

« tes, et sur toutes les autres choses qui sont du do-
« maine de l'Église de Lyon. »

(Voyez Poullin de Lumina, *Histoire de l'Église de Lyon*, p. 217, et Archives départementales, armoire Adam, vol. I, nº 1.)

(1) Voy. Archives départementales, armoire Adam, vol. 1, nº 4.

Poullin de Lumina, p. 238, résume ainsi la sentence arbitrale d'Alexandre III : « Que les péages, tant par
« eau que par terre, seraient communs entre l'arche-
« vêque et le comte, ainsi que les monnaies, la dîme
« exceptée qui appartiendra à l'archevêque seul. Il est
« défendu au comte d'acquérir aucun fief sur les terres
« de l'archevêque, et pareillement à l'archevêque sur

On conçoit que cette administration indivise et cette sorte de gouvernement à deux têtes ne durent satisfaire personne ; les plus lésés furent les bourgeois, qui ne savaient vraiment à quelle juridiction se vouer. Bientôt les réclamations s'élevèrent si haut qu'on prit enfin la mesure décisive que les circonstances commandaient. En 1173, intervint un traité de compensation, par lequel le comte et l'Église échangeaient leurs enclaves de façon à constituer, l'un dans le Forez et l'autre dans le Lyonnais, deux principautés compactes (1).

« les terres du comte ; que le pont de Saône serait « commun, ainsi que les leydes des marchés et des « foires, les appels et les bans, excepté les clercs et « leurs domestiques, qui seront justiciables de l'archevêque seul, et les domestiques du comte, justiciables « du comte. L'archevêque et le comte ont par toute « la ville, excepté le cloître, la préférence des denrées « à manger, sauf ce qui s'apporte à vendre par les « étrangers. Si l'officier du comte avait pris un criminel sans l'officier de l'archevêque, il ne le jugera « point sans le juge de l'archevêque, et de même l'officier de l'archevêque sans celui du comte. »

(1) Cet acte d'échange fut approuvé par une bulle d'Alexandre III, dont on peut lire le résumé dans Poullin de Lumina, *Histoire de l'Église de Lyon*, p. 239 et suivantes. Voici en quels termes y est men-

Le titre de comtes de Lyon passa alors au corps entier des chanoines de la cathédrale.

Ainsi fut tranchée cette longue querelle ; désormais le Lyonnais se range parmi les principautés purement ecclésiastiques, ayant pour seigneurs les chanoines-comtes et leur chef visible, l'archevêque.

Cette domination manque toujours d'unité. Le chapitre et son prélat ne peuvent être comparés au Sénat et au magistrat élu d'une république antique; n'oublions pas qu'il s'agit du moyen âge et que, dans la langue du temps, souveraineté veut dire propriété. Ce que nous avons devant nous, c'est une association de propriétaires féodaux dont les biens communs sont administrés par l'archevêque. Mais le sentiment individuel de la propriété ne tarde pas à s'emparer des seigneurs chanoines ; la vie du cloître ne correspond plus à leur grande

tionné l'abandon des droits du comte sur la ville de Lyon : « Le comte cède à l'Église et à l'archevêque « tout ce qu'il a de droits sur la ville de Lyon et ses « dépendances, ainsi que tout ce qu'il possédait au-« delà du Rhône jusqu'à Bourgoin ; au-delà de la « Saône. . . . . »

Voyez aussi Archives départementales, armoire Adam, vol. I, nº 12.

fortune ; chacun veut user de sa part de richesses et la gérer à sa guise.

Aussi, sous Renaud de Forez (1195-1226), on opéra le partage des biens de l'Église de Lyon ; on distingua ce qui appartiendrait directement à l'archevêque de ce qui formerait le patrimoine du chapitre, et ce dernier lot fut réparti entre tous les chanoines (1). La dualité du gouvernement reparut ainsi sous un nouvel aspect ; l'expulsion du comte laïque n'a pas anéanti l'influence féodale : par le chapitre, elle subsistera en face du pouvoir plus spécialement ecclésiastique de l'archevêque.

Il nous reste maintenant à voir fonctionner ce gouvernement dans la cité lyonnaise, à en décrire le mécanisme, à en analyser les institutions (2).

Pour administrer ses possessions et, comme on dit alors, pour manier le glaive séculier, l'Église de Lyon avait besoin d'un intermé-

(1) Voyez Poullin de Lumina, *Histoire de l'Église de Lyon*, p. 253.

(2) Pour tous les officiers du gouvernement archiépiscopal, voyez Menestrier, *Histoire civile ou consulaire de Lyon*, p. 328 et suivantes.

diaire; on y trouve l'équivalent de l'avoué ou vidame, qui est de règle dans les principautés ecclésiastiques au moyen âge (1). Ici, ce délégué prend le nom de sénéchal; le plus souvent c'est un des membres du chapitre, quelquefois aussi un grand seigneur du voisinage. Pendant longtemps cet office fut héréditaire dans la famille de Fuers (2).

(1) « On avait établi sous Charlemagne que les « attributions seigneuriales incompatibles avec le caractère religieux des prélats, le commandement des « armées et le jugement des affaires capitales, seraient « délégués à des seigneurs voisins, qui portaient le « nom d'avoués (advocati) ou de vidames (vice domini). « Beaucoup de prélats supportaient impatiemment ce « système, et voulaient marcher eux-mêmes à la tête « de leurs vassaux. »

(Dareste, *Histoire de France*, t. I, p. 460.)

(2) Il ne faut point confondre ce sénéchal de la justice séculière avec le sénéchal du réfectoire ou *dapifer*, qui était chargé de l'administration intérieure de l'Église (Voy. Menestrier, *Histoire civile ou consulaire*, p. 337) Le sénéchal de la justice séculière devait être un laïque. Lorsque cet office était remis à un chanoine, celui-ci ne pouvait entrer dans les ordres; d'ailleurs, la grande majorité des chanoines et même quelques-uns des archevêques de cette époque ne furent jamais prêtres. C'est au commencement du XIIe siècle que l'archevêque Renaud de Forez aliéna l'office de sénéchal, avec tous ses revenus, à Durand de

Le sénéchal est le chef de l'administration et de la justice; il juge les différends pécuniers; il préside le tribunal, composé de docteurs en droit, de jurisconsultes, devant lequel sont portées les affaires criminelles. C'est lui qui ordonne les publications et criées; c'est à lui que les marchands vont demander la permission d'acheter, de vendre, de transporter. Il commande aux autres officiers, au viguier, au courrier; il reçoit leur hommage de fidélité. Pour rémunération, il touche le tiers des droits de justice, amendes, confiscations, etc.; quelquefois même des biens déterminés, détachés du domaine de l'Église, constituent la dotation de son office.

Le sénéchal a pour lieutenant un roturier, le viguier ou prévôt. Celui-ci est chargé de la police; il maintient le bon ordre, veille à ce que le gouvernement de l'Église soit obéi et respecté; il a la surveillance des arts et métiers, des cabarets, des marchés. Il frappe les délinquants de certaines pénalités; il tou-

Fuers, qui en transmit la propriété à ses descendants; l'Église ne put la recouvrer, en 1258, qu'en cédant à Barthélemy de Fuers la seigneurie de Pollionay (Voy. Arch. dép., arm. Abram, Adam, Agar et Elias).

che alors la moitié des confiscations et le quart des amendes qu'il impose. L'emploi de viguier est d'ailleurs un office qui s'achète ; c'est un véritable bénéfice.

Après eux vient le courrier, une sorte de capitaine de maréchaussée. Il applique les sentences du tribunal, lève les impôts, arrête les criminels, fait payer les amendes ; il dispose de la force armée. C'est l'instrument indispensable de cette administration ; aussi, il existe un courrier, nommé annuellement, dans chacun des domaines de l'Église ; généralement, c'est un gentilhomme.

De même que le sénéchal a son lieutenant d'épée, le viguier, il a aussi son lieutenant de robe longue, le juge-mage. C'est un légiste qui siège au tribunal, à côté du sénéchal, et prononce en son nom. Au-dessus est le grand-audiencier ou juge des appeaux, à qui on s'adresse pour réformer les jugements.

Ajoutons-y un trésorier, un official ou chancelier, des notaires, qui écrivent les actes publiés et plaident au tribunal (1), douze sergents ou bedeaux pour le service du juge, du cour-

(1) Menestrier, *Histoire civile ou consulaire*, p. 348.

rier, du viguier et de l'official, et nous aurons, à peu près complètement, le personnel administratif de l'archevêque.

Mais le chapitre possédait aussi des officiers spéciaux pour administrer sa part des domaines, et il semble que certains quartiers de la ville s'y trouvaient compris. Un docteur en droit, le chamarier, lui servait de sénéchal et exerçait à la fois la juridiction temporelle et la justice du cloître. Des hommes d'épée, les baillis ou gardiens, remplissaient un rôle analogue à celui du viguier et du courrier. Enfin, le chapitre avait ses douze *coponiers*, correspondant aux douze bedeaux de l'archevêque.

Telle est l'organisation administrative de Lyon sous la domination archiépiscopale ; fort élémentaire, si on la compare au régime municipal de l'époque romaine, mais pourtant mieux ordonnée que dans la plupart des seigneuries voisines. Son grand inconvénient, c'est la juridiction multiple ; plusieurs tribunaux, pourvus d'attributions identiques, vivent côte à côte ; le justiciable, une première fois acquitté, peut être ressaisi par un autre juge, ou bien, pour le même délit, il peut subir plusieurs condamnations et payer autant d'amendes différentes.

Ce sont là des entraves, des vexations vivement ressenties par une population de marchands, qui demande surtout la sécurité ; au XIIIe siècle, les abus judiciaires fournirent aux bourgeois leur principal grief, en y joignant, toutefois, certaines tracasseries fiscales que nous allons apercevoir en étudiant les finances de ce gouvernement.

Comme tous les seigneurs féodaux, l'archevêque remplit son trésor, — public ou privé, c'est tout un chez un propriétaire souverain, — avec les revenus de ses domaines et le produit de sa juridiction. Le cultivateur, à titre de colon, payait une redevance déterminée, le cens ; et les censives étant fort étendues, il en devait résulter une rente considérable. Pour terme de comparaison, nous rappellerons que, sous Philippe le Bel, un décime imposé sur les revenus du clergé de la province de Lyon, dont notre diocèse formait une partie importante, s'évaluait à la somme de 13,995 livres tournois. Ce clergé disposait donc d'un revenu de près de 140,000 livres de cette époque, ayant une valeur intrinsèque de deux millions et demi, et une valeur relative cinq fois plus grande (1). En ne supposant, pour l'Église de Lyon, que la cinquième, ou si l'on veut la dixième partie du rendement de la province, cela ferait encore un fort joli denier. Dans ces chiffres, il est vrai, sont compris les produits de la dîme aussi bien que ceux des censives.

Les droits de juridiction méritent aussi qu'on les compte. Divers actes ou traités du temps nous donnent un moyen d'évaluation. En 1195, l'archevêque Jean de Bellesmes ayant abdiqué pour se retirer à l'abbaye de Clairvaux, toucha, jusqu'à sa mort, une rente de 1,300 livres, prise sur la juridiction (2); le rendement en était donc sensiblement plus élevé. Cette première indication se trouve confirmée par les négociations engagées, un siècle plus tard, pour le rachat de la juridiction, soit du chapitre, soit de l'archevêque. Celle du chapitre, considérée comme faisant le tiers de la juridiction totale, est rachetée

(1) Voyez Boutaric, *La France sous Philippe le Bel*, p. 294 et suivantes.

(2) Poullin de Lumina, *Histoire de l'Église de Lyon*, p. 248.

(1312) pour une rente de 750 livres; ce qui porterait à 2,250 livres le produit de la totalité (1). Mais cette évaluation est sans doute trop basse, car, à la même époque, l'archevêque, pour céder sa part, réclame à la couronne de France une rente de 10,000 livres, qui vaudrait un million aujourd'hui (2).

Mais les seigneurs féodaux ne se contentèrent pas longtemps d'exploiter ces deux principales branches de revenus, la juridiction et les domaines, qui avaient été la base du trésor public, depuis l'invasion des Germains dans la Gaule. L'étude du droit romain, qui reprend faveur alors, et surtout dans notre cité archiépiscopale, leur révèle l'existence de ces impôts multiples, qu'avait su inventer la fiscalité impériale. La féodalité ne se donna pas la peine d'inventer; elle imita simplement, et l'on voit reparaître, sous des noms nouveaux, à peu près toutes les anciennes taxes romaines.

A leur vente sur les marchés, toutes les denrées payent un impôt : ce sont les *leydes*. Les

(1) Voy. Bonassieux, *La réunion de Lyon à la France*, p. 173.

(2) Bonassieux, *id.*, p. 174.

produits fabriqués sont frappés aussi. Quant aux péages, on les trouve partout, aux portes, à l'entrée des ports, sur les ponts, sur les routes, et même pour passer d'un quartier dans un autre. Un droit pèse sur les ventes et mutations ; c'est le *lod*, qui égalait, dit-on, le sixième denier (1). Peut-être existait-il, enfin, une taxe sur les profits (2).

Tous ces impôts, évidemment renouvelés des Romains, les Lyonnais pouvaient se dire qu'ils les avaient déjà payés jadis ; on n'est même pas bien sûr qu'ils aient tout à fait disparu pendant l'époque intermédiaire. Mais, ce qui devait les irriter davantage, ce fut d'être soumis à la taille, impôt arbitraire et qui peut s'élever sans limites, impôt humiliant parce qu'il est un signe de roture et presque de servitude. La taille rappelait la capitation impériale, dont les habitants de Lugdunum avaient été affranchis, en vertu du *jus italicum ;* pri-

(1) Du moins dans le Forez. — Voyez La Mure, *Histoire des ducs de Bourbon et des comtes de Forez*, t. III, p. 118.

(2) Voyez, au surplus, dans Henri Martin, *Histoire de France*, t. III, p. 226, la description des impôts de la féodalité.

vilège qu'ils avaient aisément gardé sous les différentes dominations germaniques, pendant lesquelles les impôts directs n'apparaissent que rarement et d'une façon tout exceptionnelle. Au moyen âge, la taille vous prenait, le plus souvent, un ou deux pour cent de la valeur des biens (1).

Cette nouveauté désagréable ne fut pas la seule que les Lyonnais eurent à subir. La féodalité ne copie pas toujours; elle a quelques impôts qui lui sont propres et qui portent bien sa marque. Parmi ceux-là, nous pouvons citer le ban d'août (2).

Sous ce nom, on désigne le droit féodal que possédait l'archevêque de vendre seul, à ce

(1) L'importance des tailles levées dans les villes, au XIIIe siècle, peut s'apprécier par celle qui fut imposée sur Paris, en 1292. Elle produisit 12,218 livres, payées par 15,200 personnes. La livre valant alors à peu près le tiers du marc d'argent, soit 18 fr., en valeur absolue, et cinq fois autant, soit 90 fr., en valeur relative, cela équivaut à un rendement de 1,100,000 fr. — Voyez Levasseur, *Histoire des classes ouvrières*, t. I, p. 297 et suivantes, et p. 371.

(2) Monfalcon, *Histoire monumentale*, t. VIII, p. 189, et Menestrier, *Histoire civile ou consulaire*, p. 305. — Cet impôt fut levé par l'archevêque jusqu'à la Révolution.

moment de l'année, son vin dans l'intérieur de la ville. D'ordinaire, le prélat accordait aux autres marchands des permissions, contre payement d'un treizième du prix de la vente. Ce mois d'août devenait ainsi tellement fructueux pour le trésor archiépiscopal, que parfois on le prolongeait jusqu'à six semaines.

Nous n'entrerons pas plus avant dans le détail de toutes les taxes supportées par les Lyonnais à cette époque, incontestablement la plus fertile de l'histoire en inventions fiscales. Nous mentionnerons encore le droit de battre monnaie, dont l'archevêque jouit comme seigneur souverain, et nous arrêterons là cette longue énumération de ses ressources financières. Nous avons assez vu combien elles sont étendues, et combien devaient être lourdes les charges qui pesaient sur les habitants de la cité.

D'autant plus lourdes, que le trésor public recevait alors une affectation bien différente de celle que nous lui donnons aujourd'hui. On ne trouvait guère de ces dépenses productives, qui peuvent quelquefois faire considérer l'impôt comme un placement utile ; presque tout se perdait dans ce que nous appelons les frais d'administration, et il ne revenait pas grand'chose au peuple de cet argent que le gouvernement archiépiscopal lui prenait. Il fallait entretenir la cour de l'archevêque et celle du sénéchal, payer et nourrir leurs officiers, leurs agents, leurs serviteurs, leurs soldats. L'impôt pourvoyait aussi aux besoins du chapitre, qui touchait sa part dans le produit des péages, des leydes, des cris et du ban. Après cela, on aidait sans doute aux écoles, aux hôpitaux, on donnait aux pauvres, mais il ne restait rien pour les dépenses d'un intérêt vraiment municipal, pour les travaux publics ou de voirie.

Sous l'empire romain, et plus tard sous l'empire carolingien, on avait eu les corvées ; mais la féodalité en a changé la destination. On ne les emploie plus à des services publics, mais aux besoins particuliers des seigneurs : les souverains de cette époque n'ont que des droits, ils ne se reconnaissent aucune obligation envers leurs administrés. Lorsque certaines constructions ou réparations deviennent indispensables, il faut ouvrir des souscriptions, s'adresser à la charité publique. Une église, un monument quelconque, une route, un pont sont toujours dus à un bienfait. Ainsi notre Pont-de-Pierre fut construit, au XIe siècle, grâce à la libéralité de quelques particuliers : plusieurs familles généreuses offrirent de se charger de la construction d'une arcade (1). Pour l'entretien, si le péage était insuffisant, on avait recours à des quêtes et aux offrandes des fidèles.

On usa de moyens analogues, au XIIe siècle, pour jeter un pont sur le Rhône, qu'on traversait auparavant sur un simple bac. Les frères pontifes, cette confrérie qui, au moyen âge, se substitua partout au pouvoir seigneurial, indifférent et inactif, pour veiller à la sûreté des routes, protéger les voyageurs, leur ouvrir des refuges, leur faciliter, par l'établissement de bacs ou de ponts, le passage des rivières, les frères pontifes se retrouvent également à l'origine du Pont-du-Rhône. Une bulle du pape Lucius III (2) nous apprend que le frère Étienne dirigeait, en 1182, la fa-

(1) Voyez Clerjon, *Histoire de Lyon*, t. III, p. 94, et Archives municipales, *Inventaire général* (de Chappe), t. XVI, p. 545.

(2) Voy. Archives municipales, *Inventaire Chappe*, t. XVI, p. 511, n° 1.

brique du Pont-du-Rhône. Ce premier pont de bois, écroulé, en 1190, sous le poids de l'armée des croisés, que Philippe-Auguste et Richard Cœur-de-Lion conduisaient en terre sainte, fut reconstruit par la même confrérie, et avec l'aide de dons, de legs que le pape Innocent IV, réfugié à Lyon pour échapper à la haine de son adversaire Frédéric II, sollicita dans toute l'Europe, en échange de ses indulgences (1).

Au Pont-du-Rhône, les frères pontifes avaient joint, pour les voyageurs et les malades, un Hôpital et une Aumônerie; et, suivant M. Guigue, la création de notre Hôtel-Dieu ne remonte pas au-delà (2). Ils administraient eux-mêmes la fabrique du pont et l'hôpital; mais l'Aumônerie, c'est-à-dire la maison où s'amassaient les dons divers

(1) Voy. Clerjon, *Histoire de Lyon*, t. III, p. 111 et 112. — Voyez aussi les bulles données par les papes Innocent III (1210) et Urbain IV (1263), accordant des indulgences à la fabrique du Pont-du-Rhône. Dans les *Recherches sur Notre-Dame*, par M. Guigue (p. 45) se trouve une intéressante énumération de quelques-uns des legs faits à la fabrique du Pont-du-Rhône, et qui varient depuis quatre jusqu'à mille sous.

(2) *Recherches sur Notre-Dame.*

recueillis pour l'œuvre, semble avoir été dirigée, au début, par une association de bourgeois lyonnais, les confrères du Saint-Esprit (1).

L'existence, à Lyon, de cette confrérie, encore peu connue aujourd'hui, soulève plusieurs intéressantes questions relatives à notre histoire locale. Elle prouve que, même dans la première partie du moyen âge et avant nos insurrections communales, les citoyens du bourg avaient su créer déjà des organisations importantes, des sociétés laïques, ayant un but de bienfaisance, d'utilité publique, et peut-être aussi de défense mutuelle. Une obscurité surprenante s'est faite autour de la confrérie du Saint-Esprit, à dater du XIIIe siècle; on sait seulement que l'administration de l'Aumônerie lui fut enlevée par le fougueux et guerrier prélat, Renaud de Forez, le grand ennemi des bourgeois, celui qui personnifie le plus exactement la féodalité ecclésiastique, et dont les vexations amenèrent les premiers soulèvements. C'est à l'époque même de ces soulèvements, d'où surgit la *Cinquantaine*, qu'on voit éclater

(1) Guigue, *Recherches sur Notre-Dame*, p. 37 et 38.

l'hostilité du pouvoir archiépiscopal contre la confrérie du Saint-Esprit. Est-ce donc uniquement le hasard qui unit ainsi ces deux faits, ou bien y aurait-il entre eux quelque corrélation plus intime que le simple rapprochement des dates? C'est là un problème historique que des recherches nouvelles permettront peut-être de résoudre un jour (1).

Quoi qu'il en soit, depuis Renaud de Forez, ce furent les frères pontifes qui dirigèrent l'Aumônerie, complètement unie, pendant tout le XIIIe siècle, à l'œuvre du Pont et de l'Hospice (2).

Nous en avons dit assez sur les défauts de l'administration archiépiscopale, sur sa négligence de ce que l'on considère, de nos jours, comme le premier devoir des gouvernements. Pour être juste, il faut maintenant signaler quelques créations utiles.

(1) Ces recherches, le savant archiviste du département, M. Guigue, les promettait en quelque sorte, dans son intéressant ouvrage sur *Notre-Dame*. Nous désirons bien vivement qu'il donne suite à son projet, et nous en attendons l'exécution avec d'autant plus d'impatience, que cela peut éclairer d'un jour tout nouveau l'origine de notre révolution communale du XIIIe siècle.

(2) Guigue, *Recherches sur Notre-Dame*, p. 46.

Sous cette domination ecclésiastique, Lyon dut se distinguer par ses écoles. Leydrade avait fondé, dans la Manécanterie, l'École des chantres, sous la direction d'un précenteur ou grand-chantre qui, de fait, ne tarda pas à devenir une sorte de recteur pour toutes les écoles de la ville. Depuis lors, l'enseignement des choses de l'esprit ne fit que progresser à Lyon ; au Xe siècle, on cite le nom d'un professeur de philosophie, Antoine (1) ; et aux XIIe et XIIIe siècles, le droit romain, le droit civil prit place dans le programme des études de l'École des chantres, à côté du droit canon (2). De là sortaient non-seulement des prêtres, les dignitaires de l'Église, mais aussi des bacheliers, des jurisconsultes, tous les juges de la sénéchaussée. Le grand-chantre choisissait les professeurs, non sans quelques contestations, souvent fort vives, de la part de l'archevêque.

Nous pouvons également mentionner les institutions hospitalières. Outre l'hôpital du Pont-du-Rhône, que nous avons vu s'élever

(1) Péricaud, *Notes et documents* (924).
(2) Voyez Clerjon, *Histoire de Lyon*, t. III, p. 46.

sous une influence plutôt laïque, on trouvait encore à cette époque plusieurs autres hospices : celui de Notre-Dame de Lyon ou de la Saunerie, probablement l'ancien hôpital de Childebert ; ceux de Saint-André, de Guinant, de Sainte-Catherine, des Deux-Amants, de Saint-Just et de Saint-Irénée (1).

Quatre établissements recueillaient aussi les malheureux atteints d'une horrible maladie, la lèpre : c'étaient les léproseries de la Madeleine, de Balmont, de Saint-Irénée ou de Greffol, et de Sainte-Foy (2).

Enfin, ce gouvernement ecclésiastique, par cela seul qu'il assurait la paix et un ordre relatif, répara en partie les ruines causées par les premiers siècles de la féodalité. Le commerce de Lyon renaît ; la ville se repeuple ; le côté de Saint-Nizier, le bourg, grossit peu à peu pendant le moyen âge, et finit par se couvrir

(1) Guigue, *Recherches sur Notre-Dame*, p. 96.

Une bulle de l'archevêque de Lyon, donnée la veille de Pâques 1279, nous révèle encore l'existence d'un hôpital de Saint-Antoine, destiné à recevoir les pauvres de Lyon, atteints du mal qu'on appelle feu de Saint-Antoine. Voyez, Archives municipales, *Inventaire Chappe*, t. XIX, p. 563.

(2) Clerjon, *Histoire de Lyon*, t. III, p. 134.

d'habitants. Ce bourg passe pour avoir toujours été un lieu de franchise ; peut-être, au moment des luttes avec le comte, l'Église attira-t-elle en cet endroit, alors terre de l'empire, des étrangers, des serfs fugitifs, en leur promettant la liberté. Quoi qu'il en soit, à l'époque où nous sommes arrivés, là se trouve la véritable ville du travail et de l'industrie, en opposition à la ville des prêtres, groupée autour de Saint-Jean et de Saint-Just, et à la ville commerçante, celle des juifs, dans le quartier Saint-Paul, dont la décadence a déjà commencé.

Les juifs se soutinrent longtemps par leurs richesses et en achetant des protecteurs. L'archevêque Amolon (841-852) engagea contre eux la même lutte que son prédécesseur Agobard, et sans plus de succès (1). Mais l'avénement de la souveraineté temporelle de l'Église leur porta un coup fatal ; sous cette domination hostile, ils sont abandonnés à toutes les vexations de la multitude, jalouse et superstitieuse. Pendant le grand entraînement des croisades,

(1) Voyez Poullin de Lumina, *Histoire de l'Église de Lyon*, p. 129.

la populace des villes, qui ne peut suivre les chevaliers en terre sainte, accomplit, elle aussi, son acte de foi en massacrant les juifs. Enfin, ils ont à subir la concurrence d'une aristocratie financière qui s'élève, les bourgeois de Saint-Nizier ; et, au milieu du XIIIe siècle, l'archevêque Philippe de Savoie, jugeant qu'il pouvait, sans péril pour la prospérité de la ville, se passer des industrieux fils d'Abraham, les chassa définitivement de la cité lyonnaise et distribua leurs biens aux principaux habitants (1).

Le commerce abandonna alors la ville de Saint-Paul pour se réfugier dans le bourg, où toute la vie active se concentra désormais. Les bourgeois héritèrent des juifs ; et, en augmentant ainsi leur fortune et leur influence, en les rendant sans rivaux, l'Église leur fournit aveuglément des armes, qu'aussitôt ils retournèrent contre elle. L'histoire a souvent de ces ironies : le pouvoir ecclésiastique crée aujourd'hui, lui-même, cette haute et riche bourgeoisie, ces familles de consuls, qui vont le remplacer demain !

(1) Voyez Poullin de Lumina, *Histoire de l'Église de Lyon*, p. 263.

CHAPITRE VI

LA COMMUNE ET LE ROI

SOMMAIRE : Prospérité de Lyon au XIIIe siècle. — Le commerce et la banque. — Formation de la bourgeoisie. — La Cinquantaine ; ses consuls ; sa milice ; ses impôts ; sa justice. — Réforme de la juridiction ecclésiastique. — Intervention des rois de France. — Le Gardiateur. — Les Philippines. — Révolte de Pierre de Savoie. — Réunion à la France. — La charte municipale de 1320.

Pour comprendre notre révolution communale du XIIIe siècle, pour s'expliquer la force de ces nouveaux adversaires qui se dressent en face de l'Église, il faut revenir un instant sur les causes diverses qui avaient porté Lyon à un degré surprenant de prospérité.

La paisible domination de l'archevêque avait fait de cette ville un refuge pour toute la contrée, et lui permit de tirer profit des moindres événements historiques, des catastrophes mêmes qui pouvaient agiter le monde autour d'elle. Sur le chemin des croisades, son commerce s'augmenta au passage des brillantes armées de chevaliers; sans s'en douter, les croisés allaient combattre pour elle, en ouvrant à son négoce les merveilleux pays de l'Orient. Comme elle avait été, mille ans auparavant, le marché occidental des produits de Byzance, elle devint alors, par sa route facile du Rhône, l'un des entrepôts où, deux fois chaque année, les flottes de la Méditerranée apportaient les marchandises d'Alexandrie. Pour développer ce trafic naissant, il fallait y joindre le commerce d'argent, la banque : les banquiers les plus expérimentés de l'époque lui vinrent de la Haute-Italie, fuyant la proscription et les discordes civiles de leurs turbulentes républiques. Grâce à leurs capitaux et à leur savoir, nous voilà désormais une ville de grand négoce et de haute banque, dont le renom s'étendra dans l'univers entier : l'un des nôtres, Ponce de Chapponay, est connu dans toute l'Asie, sous le nom de Ponce de Lyon (1).

A mesure qu'on s'enrichissait à Lyon, on s'appauvrissait dans les campagnes environnantes; les fêtes de chevalerie, les dépenses

(1) Menestrier, *Histoire civile ou consulaire*, p. 392.

de la croisade, cette sorte de renaissance qui signale le XIIe siècle, le luxe enfin qui partout reparaît, ont ruiné les petits possesseurs de fiefs. Ils sont obligés de vendre leurs biens aux grands feudataires, et d'accourir, eux aussi, tenter la fortune dans la cité commerçante des bords de la Saône. Cette rencontre, à Lyon, d'hommes libres d'origines très-différentes, mais qui tous sont supérieurs par leur éducation, leur culture, leur caractère, leur courage à la malheureuse classe servile, y forme une véritable aristocratie de l'intelligence, de la richesse et du travail, qui fournira des chefs habiles et résolus aux revendications de la bourgeoisie.

Ainsi que cela a lieu presque toujours, les premières revendications s'élevèrent pour des questions d'impôts; c'est lorsqu'ils sont frappés dans leurs biens que les hommes aperçoivent le despotisme et se révoltent contre lui. Les bourgeois possédaient dans la ville et en dehors des murs, des maisons d'habitation, des campagnes, des vignes, des terres, et, se considérant non pas comme des serfs, mais comme des citoyens, ils supportaient impatiemment d'être soumis à la taille. En outre, ils étaient gênés, dans leurs approvisionnements et leur commerce, par les leydes, ces droits qu'on percevait à la vente des denrées. Ils invoquèrent donc les anciennes traditions de la cité, le *jus italicum*, les immunités de l'époque franke, les droits de franchise ; au nom de toutes ces coutumes héréditaires et les armes à la main, — ce qui, au dire de Sismondi, est le seul moyen d'obtenir (1), — ils demandèrent d'être affranchis des taxes odieuses. Ils n'eurent qu'en partie gain de cause, car on leur permit seulement de racheter, pour une somme de 20,000 sols, les droits de ventes sur les marchés (2).

Il est difficile de préciser exactement la date des premières insurrections ; l'acte de rachat paraît être de 1193, mais le pouvoir archiépiscopal ayant essayé, à plusieurs reprises, de revenir sur cette concession arrachée par la

(1) *Histoire des Français*, t. IV, p. 419.

(2) Voyez le *Cartulaire municipal de Villeneuve*, publié par M. Guigue, p. 375.

Le sou lyonnais étant estimé, dans ce contrat même, à trente au marc, cette somme équivaudrait donc à 37,000 fr. à peu près, et aurait une valeur relative cinq ou six fois plus considérable.

force, il en résulta une guerre civile qui dura plus d'un siècle, et où l'on déploya un acharnement, une cruauté égale des deux côtés.

Nous n'avons pas à retracer ici les dramatiques incidents de ces luttes ; l'histoire, non pas des faits, mais des institutions, est le seul objet de cette étude. Il nous faut seulement montrer quels changements furent produits, dans notre organisation municipale et administrative, par ce long bouillonnement des passions démocratiques.

Il en résulta surtout la création d'un corps de résistance, d'un pouvoir révolutionnaire, en face de l'autorité régulière de l'archevêque. Pour diriger leurs attaques, et en même temps pour présenter leurs réclamations, les bourgeois élurent cinquante d'entre eux. Il semble que ce fut leur première assemblée municipale depuis la disparition de la curie, et il est permis de croire que le souvenir des traditions romaines ne resta pas étranger à cette résurrection. Ayant apprécié les avantages d'une pareille organisation, les Lyonnais ne l'abandonnèrent plus ; la *Cinquantaine* se maintient durant tout le XIIIe siècle ; on la voit se renouveler à des époques périodiques ; on y retrouve les noms des plus grandes familles de la ville, plusieurs nobles, et même quelques étrangers, des Florentins (1).

(1) Nous empruntons à Menestrier, *Histoire civile ou consulaire*, p. 367, les noms des premiers membres de la Cinquantaine : Mathieu de Fuers de Panetière, Bernard de Chapponay, Jean de Varay, Jean de Chapponay, Barthélemy de Chapponay, Pierre de Varay, Barthélemy de Varay, Bernard de Varay, Mathieu de La Mure, Thomas de Varay, Raoul de Varay, Humbert de Varay, Durand de Fuers, Barthélemy de Fuers, Pierre de Saint-Vallier, Rémond Fillâtre, Etienne du Courtil, Hugues de Fuers, Jean de Saint-Cher, Etienne d'Anzié, Pierre Rémond, Jean du Puys, Guillaume Abbi ou Le Blanc, Pierre Le Blanc, André Raffin, Barthélemy de La Porte, Hugues de Rochetaillée, Péronnet de Chapponay, Guiotin de La Mure, Jacquinot Alamani, Peronnet de l'Écluse, Thomas Dodieu, Guillaume Dodieu, Pierre Boyer, Guillaume Boyer, Humbert l'Anglois, Pierre Chamossin, Pierre de Varay, Aymon de Vienne, Jean Gay, Aymon Corneton, Pierre de Mérus, Nicolas de Conches, Guillotin de Pons, Jean de Dorches, Bernard Malon, Girard Alamani, Nicolas Boz, Jean Vandran, Pierre de Nièvre, Falconnet du Puys, Pierre Dos, Pierre de Vaux, Guillaume Grigneux, Pierre de Vienne, Jean de Lozanne, Humbert de Dorches, Hugues Pelletier, Geoffroy Giroud, Pierre Balmont, Humbert Cappel, Nisier de l'Abbens, Martin Lombardi, Martin Tricas, Pierre Le Roux, Ayme Varissant, Pierre Acaric, Ponce de Floyren, Jean de Foreis, Jean Liatard.

La Cinquantaine délibérait; mais, pour agir, pour traiter, pour commander, les bourgeois désignaient, chaque fois que cela leur paraissait nécessaire, des délégués, en nombre variable, quelquefois deux, quelquefois douze ou seize, et qui portaient le nom de procureurs ou de consuls (1). Telle fut l'origine du Consulat.

Ce gouvernement insurrectionnel trouva à sa disposition une armée toute prête, déjà organisée, déjà enrégimentée; ce sont les corps de métiers, les corporations qui, elles aussi, sont ressuscitées au XIIe siècle, et dont les bannières ou *penons* vont braver celles des chanoines jusqu'au pied du cloître de Saint-Just. Les bourgeois ont aussi leurs finances; ils s'imposent des contributions, à coup sûr nulles aux yeux de la loi féodale, mais qui, dans l'excitation de la lutte, ont dû être très

(1) La bulle d'excommunication lancée, le 1er décembre 1269, par Gérard, évêque d'Autun, ainsi que l'accord de 1271, parlent des douze conseillers. (Voy. Menestrier, p. 375 et 382, et Archives municipales, *Inventaire Chappe*, t. II, p. 31.) D'autre part, le syndicat du 4 février 1298 indique la nomination de quinze procureurs ou syndics; voyez *Cartulaire municipal* de Guigue.

exactement payées (1). Enfin, il n'est pas douteux qu'ils s'attribuèrent même le droit de juridiction, et que la Cinquantaine remplaça pendant un temps le tribunal ecclésiastique; dans les traités, les chartes de l'archevêque, on défend expressément aux bourgeois de prononcer des jugements; la prohibition prouve que l'usurpation a déjà été commise (2).

Que fallait-il de plus pour constituer une véritable république municipale, un gouvernement vivant de sa vie propre? Les communes jurées de la Picardie, les cités consulaires du Languedoc ou de la Provence, n'allèrent pas au delà de ces attributions que les Lyonnais essayèrent de s'arroger un instant. D'où vient donc qu'Augustin Thierry dise que Lyon, dans sa révolution communale, n'attei-

(1) Voyez, dans le *Cartulaire municipal*, p. 416, la lettre (15 janvier 1294) où Philippe le Bel reconnaît aux citoyens de Lyon le droit de s'imposer.

(2) Voici, empruntés à Menestrier, p. 382, les termes de l'accord de 1271 : « Que les douze conseillers « n'auraient aucune juridiction dans la ville, ni aucun « droit de contraindre les citoyens à leur obéir . . . » Voyez aussi, Archives municipales, *Inventaire Chappe*, t. II, p. 31.

gnit pas à la souveraineté, et négligea la liberté politique pour les garanties civiles (1)? C'est que les Lyonnais eurent le malheur de ne pouvoir conserver ce qu'ils avaient conquis; se produisant fort tard, un siècle après les premières communes, leurs tentatives d'affranchissement rencontrèrent un milieu plus réfractaire; ils avaient affaire à des seigneurs puissants, à un archevêque, à un chapitre qui rassemblèrent, dit-on, jusqu'à 20,000 vassaux pour soutenir leur querelle (2). Les bourgeois de Lyon ne parvinrent à se soustraire au joug de l'Église qu'en se jetant dans les bras du roi de France; et on sait que partout la royauté supprima les communes pour réaliser, à son profit, l'unité politique.

Mais, si les Lyonnais ne furent pas assez forts pour faire sanctionner leur souveraineté et leur juridiction par une charte de commune, ils obtinrent du moins une importante réforme du gouvernement ecclésiastique. Leurs luttes contre l'Église doivent se diviser en deux périodes. Dans la première, il n'est

(1) Augustin Thierry, *Histoire du Tiers-État*, p. 273.
(2) Clerjon, *Histoire de Lyon*, t. III, p. 214.

question que d'impôts, de vexations fiscales, et la paix de 1208, conclue grâce à l'arbitrage du duc de Bourgogne, se contente d'assurer aux bourgeois qu'à l'avenir ils seront mieux gouvernés et à l'abri de toute violence (1). Dans la seconde moitié du XIIIe siècle, les réclamations portent sur un terrain plus élevé; il s'agit de modifier une organisation judiciaire devenue intolérable. La révolte de 1269 est dirigée surtout contre le chapitre, pendant une vacance du siège archiépiscopal; ce sont les abus de la justice des chanoines qui ont forcé les bourgeois à reprendre les armes. Des arbitres sont constitués en la personne des rois de France, — Saint Louis d'abord et Philippe le Hardi ensuite, — et du pape Grégoire X; ils supprimèrent (1273-1274) les causes du conflit, c'est-à-dire le tribunal des chanoines et celui du sénéchal; ce dernier office fut cassé et l'archevêque garda tout l'exercice de la juridiction dans la ville (2). Son tribunal se composa d'un président, de juges, d'un greffier, qu'il nommait après appro-

(1) Voyez *Cartulaire municipal*, p. 377.
(2) *Id.*, p. 13.

bation du chapitre. Moyennant une indemnité à ses anciens co-possesseurs de la juridiction, l'archevêque en toucha seul aussi les revenus, et l'unité judiciaire fut par conséquent complète.

Ce traité marque la fin du régime féodal; propriété et souveraineté seront dorénavant choses distinctes, puisque les chanoines peuvent perdre la juridiction en conservant le fief. Les guerres de la commune ont donc fait naître des idées nouvelles de gouvernement, un désir d'ordre dans la justice et dans l'administration qui annonce l'ère moderne. Renverser la féodalité et lui succéder, voilà le but que poursuivent, pour ainsi dire parallèlement, la bourgeoisie et la royauté ; à Lyon, elles vont s'unir, et de leur union sortiront les destinées futures de la ville : son administration consulaire sous la domination des rois de France.

En 1271, lassés, épuisés par la lutte, peut-être sur le point d'être vaincus, les communiers lyonnais avaient appelé à leur secours Louis IX, le saint, le juste, le pacificateur des querelles de son temps. Ce modèle de chevalerie n'en fut pas moins un précurseur de la monarchie absolue; il commence la série de ces rois des légistes qui se personnifieront bientôt en Philippe le Bel. Saint Louis et ses successeurs étaient de ces alliés, empressés à accourir, mais qu'ensuite on renvoie malaisément. Ayant mis le pied à Lyon, on comprend qu'ils n'en voulurent plus sortir; ils se déclarèrent les garants du traité, les protecteurs des bourgeois, et cette situation leur fournit un prétexte pour intervenir constamment (1). D'ailleurs, n'avaient-ils pas à leur service les légistes, dont la plume leur gagna plus de provinces que l'épée des barons, et qui faisaient valoir sur le Lyonnais un prétendu ancien droit de suzeraineté : les comtes de Forez étaient des feudataires de la couronne de France; les chanoines, ayant acquis leurs fiefs, se trouvaient dépendre du même suzerain. Ce droit pouvait paraître obscur, mais le réclamant était fort, et cela servait grandement à l'éclaircir. Au surplus, en s'assurant la sympathie des bourgeois, le roi tenait l'Église en échec, et combinant ainsi habile-

(1) Voyez Bonassieux, *La réunion de Lyon à la France*, p. 55 et suivantes.

ment son rôle protecteur avec ses prétentions de suzeraineté, il sut se faire du tout un marchepied pour arriver à une annexion pure et simple.

La Cinquantaine semble avoir prévu le péril, et, pour l'éviter, elle essaie de s'appuyer sur quelque autre voisin moins dangereux. Elle demande (1276) la protection du duc de Savoie, mais celui-ci abandonna bientôt après la cause des bourgeois pour s'allier à l'Église. Il fallut donc revenir au roi de France.

Il le fallut d'autant plus qu'en 1290 le chapitre se croit assez fort pour tenter un retour offensif ; il oblige l'archevêque à renoncer aux conventions de 1273 et à rendre aux chanoines leur ancienne part de juridiction. Dans ce traité, on n'avait tenu aucun compte des réclamations des bourgeois ; ceux-ci durent reprendre les armes, mais en même temps ils suivent les voies procédurières qui conviennent à ce siècle de légistes. En leur nom, Rolet Cassard, syndic de la commune, en appelle aux puissances garantes du traité de 1271, le pape et le roi (1). Philippe le Bel occu-

(1) Voyez Menestrier, *Histoire civile ou consulaire*, p. 341, et Archives municipales, *Inventaire Chappe*, t. II, p. 48 et 52.

pait alors le trône de France; il s'empressa de répondre, donna raison aux bourgeois et déclara prendre la ville sous sa garde spéciale (1).

Pons de Montlaur, le premier gardiateur, vint à Lyon en 1292, avec une nuée d'officiers et d'agents. Il défend les Lyonnais, réforme et casse les sentences injustes de l'Église, l'oblige à laisser aux bourgeois toute liberté d'établir des impôts et de relever leurs fortifications. En un mot, il fait acte de souveraineté et empiète chaque jour un peu plus sur l'autorité de l'archevêque.

Cependant, le prétendu gardiateur de Lyon n'avait pour mission, en réalité, que de bien garder les intérêts de son maître, dont la politique changera avec les événements. Au début, le roi est plein de zèle pour les droits des citoyens : ils sont riches et ils viennent de reconnaître ses prétentions à la suzeraineté. Mais, plus tard, l'Église a paru se résigner; elle n'ignore pas le côté faible de cette jeune royauté, envahissante et toujours à court d'argent; sans marchander elle accorde à Philippe le Bel, en 1302, un important sub-

(1) Voyez *Cartulaire municipal*, p. 27.

side, et le roi faux-monnayeur ordonne à ses officiers de respecter, mieux que par le passé, les droits de la juridiction archiépiscopale (1). A dater de ce moment il prépare les célèbres édits de Pontoise.

Dans ces édits, qu'on appela des Philippines, il traite le Lyonnais comme une partie intégrante du royaume de France, dépendant de la couronne au même titre que n'importe quelle autre province; mais il en concède le fief et la juridiction à l'Église, représentée par son archevêque et son chapitre (2). A ceux-ci appartenait, conjointement ou séparément, le premier ressort; les secondes appellations étaient réservées au roi, qui conservait, en outre, un gardiateur nommé annuellement, et percevait un droit de garde variant, pour chaque habitant, de 12 deniers tournois jusqu'à 10 sols; il touchait aussi la moitié du revenu des foires. Quant aux bourgeois, on ne s'en occupait, dans un acte spé-

(1) Voyez Bonassieux, *La réunion de Lyon à la France*, p. 78.

(2) Voyez Poullin de Lumina, *Histoire de l'Église de Lyon*, p. 301 et suivantes ; et Archives municipales, *Inventaire Chappe*, t. II, p. 91.

cial, que pour proscrire leurs ligues, leurs conjurations, leur commune, et révoquer les privilèges obtenus pendant la guerre civile (1).

Il n'est pas besoin de dire comment furent accueillis, à Lyon, ces traités qui ramenaient à un demi-siècle en arrière, et qui anéantissaient cette réforme judiciaire qui avait coûté tant de sang. Les bourgeois s'opposèrent formellement à ce que la juridiction fût divisée, et Philippe le Bel, ne se croyant pas assez sûr de la fidélité de l'Église pour s'aliéner irrévocablement la population, suspendit l'exécution des Philippines (2), et prit ensuite une sorte de moyen terme : il n'y eut qu'un tribunal et qu'une administration, dont les officiers étaient nommés annuellement et à tour de rôle, par l'archevêque et le chapitre, de façon que ce dernier possédât, chaque fois, le tiers des nominations (3); il partageait

(1 Voyez Bonassieux, *La réunion de Lyon à la France*, p. 95.

(2) Lettres patentes de septembre 1307. Voyez, Archives municipales, *Inventaire Chappe*, t. II, p. 92.

(3) « La première année, l'archevêque nommerait le « juge et le chancelier, et le chapitre le courrier.

« La seconde année, l'archevêque désignerait le « chancelier et le courrier, et le chapitre le juge.

aussi, dans la même proportion, le produit des amendes.

Par cette politique de bascule, le roi mécontenta tout le monde, l'Église surtout qui devait regretter son indépendance souveraine; et, en 1310, un prélat guerrier, Pierre de Savoie, se révolta ouvertement. Abandonné des alliés sur lesquels il comptait, il fut aisément vaincu, et une armée conduite par le fils aîné du roi occupa Lyon, mais cette fois comme une ville conquise.

A cette folle équipée, l'aventureux archevêque perdit sa juridiction (1). L'ancienne principauté ecclésiastique fut érigée en sénéchaussée royale (2), et un sénéchal concentra

« La troisième, le chapitre aurait la nomination du « chancelier, et l'archevêque celle des deux autres « officiers. »

(Bonassieux, *La réunion de Lyon à la France*, p. 108.)

(1) Traité du 10 avril 1312. Voyez Poullin de Lumina, *Histoire de l'Église de Lyon*, et Archives départementales, armoire Abel, vol. 3, nº 10.

(2) En 1310, selon Boutaric (*La France sous Philippe le Bel*, p. 456); en 1313, selon la plupart des historiens lyonnais (voy. Bonassieux, Menestrier, p. 440, Clerjon, t. III, p. 363).

dans ses mains tous les pouvoirs, administratifs et judiciaires, militaires et civils. C'était une annexion définitive et l'établissement, à Lyon, du régime despotique qui pesait déjà sur le reste de la France.

Mais les lois inéluctables de l'histoire ne permettent pas des transformations aussi brusques. Il faudra s'y reprendre à plusieurs fois pour fonder la monarchie absolue, et c'est seulement Louis XI qui pourra achever l'œuvre de destruction implacable commencée par Philippe le Bel. Entre ces deux tyrans, l'agonie du vieux monde féodal se prolongera pendant plus d'un siècle. Déjà, sous les fils de Philippe le Bel, il se produisit une réaction nobiliaire. La royauté dut transiger, abandonner une partie de ses conquêtes ; à Lyon, par le contrat du 4 ou du 14 avril 1320, elle rendit au vaincu de 1310, Pierre de Savoie, le premier degré de juridiction (1).

Le sénéchal quitta alors la cité ; la sénéchaussée fut réunie au bailliage de Mâcon, qui eut le ressort et les premiers appels ; les seconds appels se firent au Parlement de

(1) Voy. *Cartulaire municipal*, p. 65 et 75.

Paris. L'archevêque ne recouvra donc que la basse juridiction, tandis que les Philippines de 1307 lui accordaient juridiction haute et basse.

Une autre différence entre les deux époques consiste en ce que Philippe le Long, moins égoïste que son père, n'oublia pas de stipuler pour les bourgeois. Quelques mois après ce contrat, le 21 juin 1320, l'archevêque donna à la ville une véritable charte municipale, qui résume et garantit les principaux droits que les bourgeois possédaient, en fait, depuis cinquante ans (1).

Ce document est trop long pour pouvoir être cité entièrement ; il suffit d'ailleurs d'indiquer le sens des articles les plus importants :

Les citoyens peuvent se réunir en assemblée, élire des conseillers ou consuls, faire des syndics ou procureurs, avoir des archives ; ils ont le droit de s'imposer des tailles ; ils ont la garde des portes et des clés de la ville ; ils peuvent se contraindre à des prises d'armes ; ils sont affranchis des tailles pour le seigneur, ainsi que du péage pour le vin de leurs vignes

(1) *Cartulaire municipal*, p. 114.

et celui qu'ils consomment dans leurs maisons. Enfin, tout comme une constitution moderne, la charte indique les cas où les bourgeois seront cités en justice et les peines qu'ils pourront encourir.

Cet acte ferme l'époque révolutionnaire de la commune lyonnaise; le pouvoir consulaire vient de recevoir sa consécration légale; nous entrons maintenant dans le fonctionnement régulier d'une administration municipale, dont les bases sont désormais fixées et qui n'aura plus, dans les siècles suivants, qu'à se développer graduellement. Le système administratif que nous verrons se dérouler devant nous est tout entier, quoique à l'état embryonnaire, dans les institutions du XIIIe siècle : le consulat, les métiers, les penons, et jusqu'à notre future organisation financière. En effet, la douane et les octrois de Lyon ont pour ancêtres le vieil octroi de 1295 et la taxe du *denier pour livre*, que le roi Philippe le Bel autorisa les bourgeois à percevoir sur la vente de toutes les marchandises (1).

Les cinquanteniers du bourg de Lyon nous

(1) Voyez *Cartulaire municipal*, p. 36 et 418.

ont légué tout cela, comme un héritage à accroître ; et c'est d'eux surtout, de leurs révoltes, de leurs ébauches de gouvernement communal que nous pouvons dire, avec Augustin Thierry : « *Nos institutions présentes se trouvent dans leur histoire, et peut-être aussi nos institutions à venir* (1). »

(1) *Considérations sur l'histoire de France*, p. 199.

Chapitre VII

LE POUVOIR CONSULAIRE

Sommaire : Les officiers royaux. — Le ressort à l'Ile-Barbe. — Fin du pouvoir féodal. — Organisation de l'autorité consulaire. — Transaction de la bourgeoisie avec les artisans et le peuple. — Les élections ; le syndicat ; l'oraison doctorale. — Résistance aux empiètements de la royauté ; le capitaine. — Finances municipales ; le denier pour livre, le vingtième du vin, l'octroi. — Les nommées. — Le barrage. — Guerre de cent ans. — Dépopulation et misère. — L'émeute des *Ciompi* lyonnais.

Après 1320, Lyon reconnaît trois autorités, de natures et d'attributions différentes : le roi, le consulat et l'archevêque. Deux de ces pouvoirs sont naissants et vont grandir, durant tout le XIVe siècle, aux dépens du troisième, celui de l'archevêque, qui est sur son déclin.

Si l'on s'en tient aux textes des traités, la part de souveraineté conservée par l'Eglise semble encore considérable. L'archevêque reste le seigneur immédiat ; nulle autre juridiction que la sienne dans la cité, le tribunal du suzerain se trouvant relégué à Mâcon, à Paris. Il a ses officiers comme jadis, son juge, son prévôt, son sergent de la cour séculière, qui est une sorte de lieutenant du prévôt. Il perçoit la plus grande partie des droits utiles : la moitié du revenu des foires, le lod, le péage du Pont-du-Rhône (1), le coponage, la taxe sur chaque bête portant du blé ou des fruits ; le chapitre lui-même garde son péage de Rochetaillée, sur le passage des poissons (2). En comparaison de cela, les attributions du consulat sont peu de chose ; quant au roi, il n'a que la suzeraineté.

Tel est le droit ; mais le fait, le voici :

Le vassal est désarmé, et son tout-puissant suzerain lui arrache chaque jour quelque lambeau du pouvoir politique et judiciaire, tandis que le consulat profite de leurs querelles pour s'emparer de tout le pouvoir administratif. C'est ce double mouvement, ascendant pour les uns, et descendant pour l'autre, que nous allons étudier.

(1) Péage qui ne lui fut enlevé qu'en 1736. Voyez, Archives municipales, *Inventaire Chappe*, t. X, p. 563.

(2) Voy. Menestrier, *Histoire civile ou consulaire*, p. 478. Ce péage fut confirmé par un arrêt du Parlement, du 23 décembre 1396. (Archives municipales, *Inventaire Chappe*, t. X, p. 461.)

La grande question, en ce qui concerne le roi, était de savoir où sa suzeraineté s'exercerait. Au début, ce fut à Mâcon. Là siégeait son représentant, le *bailli de Mâcon et sénéchal de Lyon,* homme d'épée, accompagné d'un lieutenant de robe longue, son *viguier.* Là aussi, le *gardiateur*, dont l'office (1330) avait été séparé de celui du bailli pour ne plus relever que du roi (1). Le *juge du ressort et des appeaux* est placé à côté du gardiateur, avec tout son tribunal, son procureur, son notaire, ses sergents. Enfin, les forces militaires sont commandées par un *capitaine.* Nous ne citons que pour mémoire d'autres officiers inférieurs, le maître des monnaies, le maître des ports, le conservateur-juge des juifs, etc. (2).

Mais les bourgeois ne pouvaient admettre qu'il leur fallût aller chercher si loin la protection du gardiateur, ou les sentences du juge des appeaux. Ils soutenaient que ces officiers,

(1) Voy. *Cartulaire municipal*, p. 34 et 146.

(2) On peut voir la liste des officiers royaux, dans un arrêt du Parlement de Paris du 30 août 1393. (Archives municipales, *Inventaire Chappe*, t. II, p. 239.) Consulter aussi Bonassieux, *La réunion de Lyon à la France*, p. 192 et suivantes.

chargés de leur défense, devaient demeurer dans la ville même ou tout au moins à proximité. Voulant satisfaire à des réclamations qui servaient trop bien ses intérêts pour n'être pas entendues, sans toutefois usurper trop ouvertement sur les droits de l'archevêque, le roi prit un moyen terme et plaça (1336) le siège du ressort dans le bourg de l'Ile-Barbe, aux portes de Lyon (1).

L'Église protesta néanmoins ; les bourgeois insistèrent de plus en plus ; la royauté oscilla selon ses tendances du moment et le besoin qu'elle avait des deux adversaires, de sorte que les malheureux officiers royaux, repoussés de Lyon à Mâcon, puis rappelés de Mâcon à l'Ile-Barbe, exercèrent ainsi une juridiction errante pendant près de soixante années (2).

(1) Déjà, en 1328, un arrêt du Parlement de Paris avait permis au gardiateur de résider à Lyon, sans s'entremettre cependant de la justice qui appartient à l'archevêque (voyez *Cartulaire municipal*, p. 32). — La même année, le roi Philippe de Valois avait également transféré le juge des appeaux, de Mâcon à l'Ile-Barbe (*Cartulaire municipal*, p. 88). — Mais cette décision dut rester lettre morte jusqu'en 1336.

(2) Dès l'année 1341, l'archevêque et le chapitre parvinrent à faire reporter le siége du ressort à Mâcon (voyez *Cartulaire municipal*, p. 313).

En 1370, sous le roi Charles le Sage, nous les trouvons installés dans la ville même, au palais de Roanne, sur lequel la couronne et le chapitre élevaient tous deux des prétentions. Ce différend de propriété, venant irriter encore le conflit de juridiction, amena une crise aiguë. L'archevêque chassa violemment du palais ceux qu'il appelait des intrus; le bailli de Mâcon procéda contre l'archevêque, et une lutte curieuse s'engagea entre ces deux champions, qui maniaient des armes si différentes: l'un, l'interdit ecclésiastique; l'autre, la confiscation et l'emprisonnement.

A la fin du XIVe siècle, et sous un monarque continuateur de Philippe le Bel, le pouvoir spirituel devait être vaincu; après une honorable résistance, le prélat, Charles d'Alençon, se soumit (1).

Son successeur, Jean de Talaru, reprit la cause de l'Église; il triompha un instant, sous le gouvernement à demi féodal des oncles de Charles VI, et, en 1387, le siège du ressort retourna à Mâcon (2). Les *marmousets* (3) le

(1) Voyez Clerjon, *Histoire de Lyon*, t. III, p. 402 et suivantes.

(2) *Cartulaire municipal*, p. 194.

(3) Nom que les grands seigneurs, les oncles du roi,

ramenèrent à l'Ile-Barbe, l'année suivante (1); la folie du roi le fait exiler de nouveau à Mâcon, en 1392; enfin, le 5 octobre 1394, le Parlement qui, depuis vingt-cinq ans, était saisi de l'affaire, prononça un arrêt qui condamnait formellement l'archevêque, et rétablissait le juge du ressort à l'Ile-Barbe, en lui restituant le palais de Roanne pour y exercer ses fonctions (2).

Désormais, la juridiction ecclésiastique devra s'exercer dans le voisinage immédiat et sous la surveillance constante des officiers royaux; subordonnée ainsi, elle devenait insignifiante. L'Église, ayant constaté son impuissance, se résigna cependant, et nous ne la verrons plus jouer qu'un rôle fort effacé dans les affaires lyonnaises.

Le roi et le consulat restèrent seuls, d'autant plus forts qu'ils étaient unis. La défaite de l'Église avait été leur victoire commune, qu'ils gagnèrent en s'aidant l'un l'autre. Pen-

donnaient dédaigneusement à Olivier de Clisson, Bureau de la Rivière, Montaigu, etc., ministres d'état qui appartenaient à la petite noblesse.

(1) *Cartulaire municipal*, p. 199.

(2) *Id.*, p. 238.

dant que les bourgeois appelaient à Lyon les officiers du roi, celui-ci y favorisait l'extension du pouvoir consulaire et son organisation définitive.

En 1336 a lieu la publication solennelle et l'enregistrement des libertés, immunités et privilèges de la ville de Lyon (1). Les conseillers-consuls sont expressément reconnus comme représentants de la cité, ayant le droit de l'engager par leurs actes. Ils deviennent, à proprement parler, des magistrats; jusqu'alors ils n'étaient, selon la langue du temps, que des procureurs, c'est-à-dire de simples délégués officieux.

Leur autorité, ainsi consacrée au dehors, paraît être obéie sans conteste dans l'intérieur de la ville. Les diverses classes de la population, les artisans et les riches, se serrent avec un empressement égal autour de leurs élus. Tous, en effet, participent à leur nomination. Une tentative des principaux marchands et banquiers, pour s'arroger exclusivement les sièges consulaires, avait échoué devant les fermes réclamations des artisans, qui firent

(1) *Cartulaire municipal*, p. 133, 141 et 143.

décider, en 1330, que le gouvernement municipal serait partagé entre les notables, la classe moyenne et le peuple (1). Nous sommes, d'ailleurs, en plein régime démocratique, quoique les élections se fassent au second degré ; chaque métier a deux *maîtres-gardes*, élus par la corporation tout entière, et une assemblée des maîtres-gardes, tenue dans la chapelle Saint-Jacquême (2), nomme les conseillers-consuls de l'année, qu'on présente ensuite à l'acclamation du peuple, dans l'église Saint-Nizier.

(1) Voici les clauses principales de cette importante transaction de 1330. Elle décide : « 1° à l'égard de la « garde des portes, que trois citoyens seraient choisis « pour la dite garde ; sçavoir un bourgeois, un artisan « et un du peuple ; . . . 4° que dans toute élection « au Conseil il serait choisi deux hommes du peuple « qui auraient même pouvoir que les autres consuls « de la dite ville ; . . . 6° que toutes les lettres conte- « nant les privilèges accordés à la ville seraient mises « dans une arche qui aurait trois clés, dont l'une serait « gardée par les bourgeois, la seconde par les artisans, « la troisième par le peuple. » (Archives municipales, *Inventaire Chappe*, t. II, p. 157.

(2) Construite en 1200, dit M. Rolle, dans sa *Notice sur les archives communales de Lyon*, qui sert de préface à l'inventaire-sommaire.

Le procès-verbal de cette nomination s'appelait le *syndicat* (1). Dans ceux de 1352 et 1355, nous trouvons la liste des métiers du temps : *drappiers*, *merciers*, *sauners*, *peletiers*, *changeors*, *espicers*, *taverniers*, *clercs*, *escoffiers*, *panetiers*, *tondors et coduriers*, *chapuis*, *herbergeors et berbiers*, *meiseliers*, *pescheors*, *potiers*, *ferratiers*, en tout dix-sept corporations industrielles et commerçantes, auxquelles il faut ajouter les *terriers*, corporation des grands propriétaires ou des rentiers (2).

Le consulat, élu comme nous venons de le voir, se composait de douze membres, renouvelables chaque année et rééligibles (3). Comme autrefois les cinquanteniers, on les prenait presque toujours dans les plus grandes fa-

(1) Voyez, aux Archives municipales, registre BB, 367, et dans le *Cartulaire municipal*, les syndicats de 1352, 1355, 1358, p. 460, 462 et 466.

(2) Voyez Vital de Valous, *Les Terriers*, p. 8 et 9.

(3) Dès la fin du XIVe siècle, il semble que les consuls ne sont plus rééligibles qu'une année après être sortis de charge. On s'aperçoit aisément de ce changement en feuilletant les syndicats ou la liste des conseillers. Voyez, aux Archives municipales, les registres BB, 367 et 375.

milles lyonnaises ; le syndicat de 1352 nous présente les noms célèbres des de Varey, de Villeneuve, de Vaux, de La Mure, etc. L'époque de l'élection est fixée d'avance. Au commencement du XIVe siècle, c'est le dimanche avant l'Ascension ; plus tard, ce fut le jour de la saint Thomas, le 21 décembre. L'installation de chaque nouveau consulat se faisait avec solennité ; elle était précédée d'une sorte de discours patriotique, l'*oraison doctorale*, prononcé par l'un des plus savants de la ville (1).

Quant aux attributions des consuls, elles nous sont déjà connues par la charte de 1320 : c'est la garde et la défense de la ville, le soin de ses monuments, de ses fortifications, le maintien du bon ordre, des libertés et des droits de ses habitants, l'administration des finances et des biens communs.

Pendant tout le XIVe siècle, les consuls furent des magistrats vigilants, dévoués aux intérêts des citoyens, et sachant en faire respecter les privilèges même par le pouvoir

(1) Voyez, sur l'Oraison doctorale, Archives municipales, *Inventaire Chappe*, t. X, p. 195.

royal, leur allié. On les voit, au début de la guerre de cent ans (1346), résister aux prétentions de Philippe de Valois, qui veut leur imposer le service militaire : ils en sont exempts, n'ayant d'autre charge que la garde de la ville (1). Ils conservent, avec la même énergie, leur précieuse exemption des tailles.

Mais, pour ne point déchoir, il faut grandir sans cesse ; le consulat semble avoir bien compris cette vérité, puisque, doucement, patiemment, comme peuvent le faire des magistrats bourgeois, il acquiert toujours. L'une de ses principales conquêtes concerne l'office du capitaine. Ce commandant des forces militaires, désigné par le roi, coûtait gros aux finances municipales ; en 1387, tout en réduisant ses gages, on les fixe encore à la somme de 250 livres d'or (2). En outre, la ville ne se sentait point sa maîtresse, tant qu'elle avait ce soldat dans ses murs. Le consulat parvint à s'en débarrasser ; en 1389, l'office du capitaine est réuni à celui du sénéchal, qui con-

(1) Voyez *Cartulaire municipal*, p. 331.

(2) Voyez Menestrier, *Histoire civile ou consulaire*, p. 526 et suivantes.

duira désormais toutes les forces du roi dans la contrée, et presque aussitôt après les conseillers instituent à Lyon, sous le même nom de capitaine, un emploi spécial, à leur nomination, pour le commandement des milices bourgeoises de la ville.

Les attributions du consulat ne s'étendent pas que d'un seul côté. Au commencement du XIVe siècle, les frères pontifes avaient été remplacés, à l'hôpital du Pont-du-Rhône, par les religieux de Haute-Combe, de l'ordre de Cîteaux (1). Mais, en 1334, un autre changement plus important se produisit. Les religieux de la Chassagne, qui avaient succédé à ceux de Haute-Combe dès 1314, ne gardèrent plus que la direction de l'hôpital et le soin des malades, et l'archevêque Guillaume de Sure consentit, plus ou moins volontairement, à laisser la régie du Pont-du-Rhône, de l'Aumônerie et de tous les biens qui s'y rattachaient, au consulat (2). L'hôpital et le Pont-

(1) Voy. Guigue, *Recherches sur Notre-Dame*, p. 48.

(2) L'entretien et les réparations du Pont-du-Rhône semblent avoir été une tâche trop lourde pour des religieux, et c'est déjà sur leur propre demande que ceux de Haute-Combe en avaient été relevés en 1314. —

du-Rhône, fondés à la même époque et par les mêmes mains, furent ainsi séparés pour plus d'un siècle, jusqu'à ce que les conseillers les eurent de nouveau réunis tous deux sous leur administration.

Les conseillers-consuls nous paraissent avoir obtenu des résultats moins satisfaisants dans leur gestion financière. Elle devint leur grande préoccupation, dans la seconde moitié du siècle, alors que les routiers ravageant le pays, il fallut se protéger en élevant des fortifications nouvelles (1). De telles dépenses obligèrent à créer des impôts extraordinaires, qu'on voit se multiplier à cette époque. En 1351, le roi Jean accorde au consulat le droit de percevoir le denier pour livre sur la vente

Voyez Guigue, *Recherches sur Notre-Dame*, p. 49 à 51 ; Poullin de Lumina, *Histoire de l'Église de Lyon*, p. 330 ; Archives municipales, *Inventaire Chappe*, t. XIX, p. 531 ; et *Cartulaire municipal*, p. 169.

(1) Ce ne fut pas seulement la dépense des fortifications qui greva les finances de la ville, mais aussi les aides qu'il fallut payer au roi, pour rançon, frais de guerre, etc. En 1369, il réclame au consulat un subside de 2,500 fr. d'or (*Inventaire Chappe*, t. XII, p. 15), et des demandes semblables se prolongèrent pendant toute la durée de la guerre de Cent ans.

et l'achat de toute marchandise (1). Ce n'est pas tout; en 1357, on établit un impôt d'un vingtième sur le vin vendu au détail, et d'un treizième sur le blé (2).

Ces ressources vinrent s'ajouter à celles qui

(1) Deux deniers, un payé par le vendeur et un second par l'acheteur. Voyez *Cartulaire municipal*, p. 454. — Cette taxe fut prorogée par lettres patentes du 11 juin 1361. Voyez, Archives municipales, *Inventaire Chappe*, t. XIV, p. 13.

(2) Lettres patentes royales du 18 mai 1357 (voyez Archives municipales, *Inventaire Chappe*, t. XIV, p. 14). — Ces taxes furent prorogées, en 1368 et 1374, par le roi; en 1377, par ordonnance du bailli de Mâcon. Dans cette ordonnance, on voit mentionner un autre droit de six *coupons* levés sur chaque ânée de blé et six coupons sur chaque ânée de farine. (Archives municipales, *Inventaire Chappe*, t. XIV, p. 17 et 19; t. III, p. 358.)

En 1374, apparut aussi la première entrée du vin; elle est seulement de quatre deniers blancs par ânée, (Archives municipales, *Inventaire Chappe*, t. XIV, p. 19). Portée au chiffre de cinq deniers par ânée en 1409 (*id.*, t. XIV, p. 32), on en voit affermer le produit, en 1412, pour la somme de 421 livres (*id.*, t. XIV, p. 23). Le vingtième sur la vente au détail, devenu un dixième en 1409 (lettres patentes du 13 septembre, Arch. munic., *Inv. Chappe*, t. XIV, p. 32), rapportait davantage; ce dixième, en effet, est affermé, en 1437, pour la somme de 780 livres (*id.*, t. XIV, p. 36).

existaient déjà, c'est-à-dire aux revenus des biens communaux, aux tailles et aux péages. Les tailles ne sont point levées régulièrement chaque année, mais imposées exceptionnellement, selon les besoins; elles se composent d'un nombre variable de deniers par livre, pris sur le bien vaillant de chaque citoyen. Un registre, qu'on revise de temps en temps, indique la faculté imposable de chacun. Les biens de l'Église et ceux des nobles sont seuls exempts de la taille.

Quant aux péages, le principal, pour les finances consulaires, nous paraît être le barrage du Pont-du-Rhône, dont le produit se partageait avec l'archevêque et l'administration de l'hôpital (1).

(1) Voyez l'Accord du 3 mars 1395 (Archives municipales, *Inventaire Chappe*, t. II, p. 243). A cette époque, le droit de barrage se percevait selon le tarif suivant :

Pour une personne à pied. . . .	1 denier viennois.
— à cheval. . .	4 —
Pour chaque bête de menu bétail comme chèvre, mouton, brebis et pourceau	2 —
Pour chaque grosse bête comme bœuf, vache, cheval, mulet	3 —

Tout cela suffisait à grand'peine pour payer les dépenses ordinaires, la réparation des murailles, et surtout les aides fréquentes qu'il fallait verser au roi pour les frais de la guerre. Aussi les finances de Lyon sont obérées, et c'est là sans doute ce qui explique une disposition singulière, renouvelée de la curie romaine, et qui contraint les bourgeois à accepter les fonctions de conseillers, lorsqu'ils sont élus (1).

Cette situation s'aggrave encore par la disparition de l'industrie et du commerce. Les richesses acquises au XIIIe siècle s'anéantissent peu à peu, à la fin du XIVe; la ville voit s'augmenter le nombre de ses pauvres;

Pour chaque asne ou sommière chargé . . . . 3 deniers viennois.
Pour chaque asne ou sommière chargé de paille ou de buches. . . 2 —
(Archives municipales, *Inventaire Chappe*, t. XIV, p. 149. Voyez aussi les exemptions, *id.*, t. XIV, p. 159 et suivantes.)

(1) Ordonnance du sénéchal (1382). Cette obligation semble s'être continuée pendant tout le XVe et le XVIe siècle.

Voyez, Archives municipales, *Inventaire Chappe*, t. X, p. 77, 78 et 79, et le registre BB, 380. Voy. aussi Paradin, *Mémoires de l'histoire de Lyon*, p. 267.

en 1389, on en comptait 2,400 sur 45,000 habitants (1). D'ailleurs, la dépopulation suit la misère; au commencement du XVe siècle, Lyon, à ce qu'on assure, avait diminué des deux tiers (2). Pour y attirer de nouveaux artisans, des drapiers surtout, qui alimentaient la principale branche de son commerce, on leur promet de séduisants privilèges : le logement gratuit pendant dix années, et la complète franchise de toutes charges, excepté le guet et la garde (3).

Lyon prit ainsi sa large part dans les malheurs de la France sous le règne de Charles VI. Il subit le contre-coup de l'appauvrissement général, et éprouva souvent la disette et la famine. Il ne faut donc point s'étonner si le peuple y fut aigri et mécontent. C'est d'ailleurs l'époque où les laboureurs et les artisans s'agitent dans l'Europe entière; il semble qu'on soit sur le point de briser les

(1) Vital de Valous, *La Préconisation*, p. 15.

(2) A la mort de Charles VII (1461), on n'y comptait pas 1,200 feux, lit-on dans l'une des pièces du procès engagé plus tard relativement aux foires. Voy. Archives municipales, *Inventaire Chappe*, t. VIII, p. 76.

(3) Voyez Clerjon, *Histoire de Lyon*, t. III, p. 442.

anciennes idoles, et que tous les pouvoirs vont être remis en question. Les artisans lyonnais avaient plus d'un motif de plainte; les grains nécessaires à leur subsistance n'arrivaient pas toujours régulièrement, et, faute d'en connaître les véritables causes, ils accusaient les accapareurs, les riches. On leur avait aussi donné des griefs d'un ordre politique; il semble que la haute bourgeoisie lyonnaise n'avait pas tenu toutes ses promesses de 1330, et que, loin de partager les fonctions consulaires avec les gens *de la moyenne et de la moindre classe*, elle s'était efforcée, au contraire, d'en assurer le monopole entre les mains de quelques grandes familles. La royauté qui, très visiblement, se défie de l'administration des classes inférieures, dut favoriser les empiètements de l'aristocratie commerçante. Le mode d'élection que nous avons expliqué subsiste probablement encore, mais l'influence des riches prévaut dans les corps de métiers comme partout ailleurs, et, de plus, le consulat s'arroge déjà le droit de désigner lui-même les terriers, qui jouent dans l'assemblée des maîtres-gardes un rôle prépondérant.

Vers 1400, à ce qu'on croit, ce feu, qui couvait sous la cendre, éclata tout à coup; et Lyon eut pendant quelques jours sa révolution des *Ciompi*, semblable à celle qui, vingt ans auparavant, s'était emparée de Florence. L'occasion vint d'une extraordinaire cherté de blé : la plupart des mouvements populaires ont pour auxiliaires la faim. Une foule de « gens de métiers et petits méchaniques, de gagne-deniers et de paysans (1) », se répandit dans la ville, proférant des menaces, pillant les provisions; et les conseillers, effrayés, se réfugièrent dans les clochers des églises. L'émeute, une fois maîtresse de Lyon, dévoila ses véritables projets. Le menu peuple voulait avoir sa part dans le gouvernement; jusqu'ici, disait-il, les riches ne l'avaient estimé « non plus que pour bêtes brutes (2) ». Il imposa ses conditions à la bourgeoisie, et un nouveau consulat, pris par moitié dans les deux classes, fut installé d'un commun accord. Ce n'était ni plus ni moins que l'exécution du traité de 1330.

(1) Paradin, *Mémoires*, p. 235; et Rubys, *Histoire véritable de la ville de Lyon*, p. 332.

(2) Paradin, *id.*, p. 235.

Mais cette restauration du régime démocratique ne dura pas longtemps ; les armées du roi ne tardèrent pas à y mettre ordre. Le petit peuple, n'ayant aucun moyen de résister à une pareille puissance, dut se soumettre ; on s'empara alors d'une dizaine de ses chefs, à qui l'on coupa la tête, et ainsi l'autorité de la bourgeoisie fut rétablie.

L'agitation continua pourtant. En 1436, nous retrouvons une nouvelle émeute, au moins aussi violente que celle de 1400, et en tout cas plus absolue dans ses prétentions, car cette fois l'insurrection constitue un gouvernement élu uniquement par le peuple (1).

Cette seconde tentative eut la même issue que la première ; l'épée du roi trancha le conflit ; une dure répression força les artisans à courber la tête, et la classe bourgeoise, sortie plus forte de l'épreuve, désormais sûre de sa puissance, parce qu'elle venait de sceller irrévocablement son union avec la royauté dans

(1) Voyez, dans *Lyon-Revue* (31 décembre 1882), *Note sur la Révolte populaire de 1436*, par Vital de Valous ; et aux Archives municipales, le Syndicat de 1436, registre BB, 367.

le sang des émeutiers, put gouverner à sa guise et modifier au gré de ses intérêts l'antique constitution municipale de Lyon, pour en faire un régime oligarchique.

Chapitre VIII

OLIGARCHIE BOURGEOISE

Sommaire : Usurpations de l'oligarchie. — Règlement de 1447. — Nomination des maîtres-gardes. — Les terriers. — Organisation des penons. — Les arquebusiers. — Exigences de la royauté. — Les aides des gens de guerre. — Etablissement des foires. — Essai de manufacture de soie. — Anoblissement des conseillers ; ses résultats pour les finances. — Importance des tailles. — Les octrois perpétuels. — La ferme des gabelles. — Le Consulat s'empare des hôpitaux.

Toute la seconde moitié du XVe siècle est, pour ainsi dire, consacrée à la réorganisation du pouvoir consulaire. Déjà, en 1414, les élus de la bourgeoisie remplacèrent leur nom de conseillers-consuls, qui rappelait trop les traditions révolutionnaires de la Cinquantaine, par celui de conseillers-échevins, que portaient alors, presque dans toute la France, les magistrats municipaux (1). A peu près de la même époque, datent d'autres change-

(1) Voy. Menestrier, *Histoire civile ou consulaire*, p. 542.

ments, qu'on trouve résumés, en 1447, dans un nouveau règlement du consulat, et qui dénaturèrent complètement les anciennes institutions consulaires (1).

Les conseillers fixent à deux ans la durée de leurs fonctions ; la moitié seulement sera renouvelée chaque année, à l'époque de la Saint-Thomas (2) ; ils ne pourront être réélus que deux années après. Étant au nombre de douze, six d'entre eux doivent demeurer du côté du royaume et six du côté de l'empire. Il leur est alloué, pour honoraires, une somme de 20 livres tournois, qu'on leur remet à leur seconde année de charge (3).

(1) Péricaud, *Notes et documents* (4 décembre 1447). M. Vital de Valous assigne à ce règlement de 1447 la date du 10 décembre (*L'ancienne administration consulaire a-t-elle été gratuite?* p. 9.)

(2) On trouve, pour la première fois, dans le syndicat du 20 décembre 1447, la mention suivante qui, désormais, sera reproduite dans toutes les élections : « retenu et nommé six des anciens conseillers qui sont « en charge, et qui exerceront encore la dite charge « pour l'année prochaine, et qui sont . . . . »
(Archives municipales, BB, 375, f° 19.)

(3) Vingt livres qui vaudraient 800 fr. aujourd'hui. Au XVI° siècle, ces vingt livres leur furent données chaque année (V. de Valous, déjà cité). Les honoraires

Aux séances du consulat assistent aussi, mais avec voix consultative seulement, deux fonctionnaires dont les conseillers se sont réservé la nomination : le receveur ou trésorier (1), et le procureur-secrétaire. En 1496, ce dernier office est séparé en deux (2) : un *secrétaire-greffier* demeure chargé de la rédaction des délibérations du conseil, tandis qu'un *procureur de la ville* veille aux droits, immunités et privilèges des citoyens, c'est-à-dire de leurs échevins. A cette époque, ces trois fonctionnaires semblent avoir été inamovibles.

Tout ceci peut encore n'avoir pour but que d'apporter plus d'ordre dans l'administration municipale et dans les séances du consulat. Mais l'usurpation devient flagrante à propos

des conseillers-échevins se retrouvent jusqu'au XVIe siècle ; la somme seule varie. En 1687, où on voulut les supprimer, ils s'élevaient pour tout le corps consulaire (un prévôt et quatre échevins) à la somme de 2,000 livres ; 10,000 fr. de nos jours. On fut d'ailleurs obligé de les rétablir, le 24 mai 1689. — Voyez, Archives municipales, *Inventaire Chappe*, t. X, p. 176.

(1) Voyez Édit de Charles VIII de décembre 1495, *Inventaire Chappe*, t. XXI, p. 87.

(2) Péricaud, *Notes et documents* (1496).

des élections. Sans qu'on puisse bien préciser de quelle façon et dans quel moment cela eut lieu, le consulat s'arrogea le droit de désigner lui-même, quelques jours avant la Saint-Thomas, les maîtres-gardes qui, au nombre de deux par métier, devront élire les six nouveaux conseillers ; et, pour mieux s'assurer leur parfaite obéissance, on leur donne, en outre, deux mentors dans les terriers, qui ne sont autres que les deux plus anciens parmi les conseillers sortants (1). De sorte que le mécanisme ingénieux de ces élections est celui-ci : les conseillers en charge décident quels seront, pour la prochaine année, leurs remplaçants ou leurs futurs collègues, et deux d'entre eux, les terriers, en vont faire la proposition à l'assemblée des maîtres-gardes qui, choisis en conséquence, se contentent toujours d'opiner du bonnet ; en un mot, c'est un pouvoir qui se recrute lui-même.

A aucun titre, le consulat ne dépend plus de la population, pas même pour justifier son administration et rendre ses comptes, car

(1) Voyez Vital de Valous, *Les Terriers*, p. 10, et Rubys, *Privilèges*, p. 48.

c'est au tribunal du sénéchal qu'il le fait (1). Mais aussi, comme toutes les autorités qui ne s'étayent pas du consentement populaire, il lui faut s'appuyer sur la force armée. Peu de temps après son usurpation, le consulat organise dans la ville (1464) sa milice bourgeoise, les penons (2).

Douze compagnies de 200 hommes, dont huit fournies par le côté de l'empire, et quatre par le côté du royaume, soit en tout 2,400 miliciens, tels sont ces premiers penonages du XVe siècle (3). Les soldats élisent leurs officiers, mais les douze compagnies sont placées sous le commandement du capitaine de la ville, dont la nomination appartient au consulat (4). D'ailleurs, si les penons ne paraissent pas encore suffisamment sûrs, les oligarques se sont préparé une autre troupe d'élite. Ce sont d'abord les trois compagnies des archers, des coulevriniers et des arbalétriers, composées de 26 hommes chacune au

(1) Clerjon, *Histoire de Lyon*, t. IV, p. 462.
(2) Péricaud, *Notes et documents* (1464).
(3) Voyez Grandperret, *Lyon*, p. 177.
(4) Voir plus haut, p. 150.

début, mais qu'on augmenta par la suite (1). En 1502, on en détacha une véritable force de police, absolument dans la main des conseillers, les arquebusiers, au nombre de 200 soldats, dont cinquante faisaient constamment le guet (2). Dans une ville d'une cinquantaine de mille âmes, c'était assez sans doute pour que les administrateurs fussent bien gardés.

L'œuvre oligarchique est consommée; le peuple, désormais exclu des affaires de la ville, peut être considéré comme asservi. Mais ce que la haute bourgeoisie vient de gagner d'un côté, elle l'a, en même temps, perdu de l'autre; la royauté a respecté aussi peu l'indépendance du consulat, que le consulat a respecté les libertés des citoyens.

La guerre terminée, et les Anglais chassés de France, le pouvoir royal s'est affermi. Charles VII, Louis XI, Anne de Beaujeu font

(1) Selon Clerjon, elles auraient atteint, en 1515, le chiffre total de cinq à six cents hommes.

(*Histoire de Lyon*, t. IV, p. 193.)

(2) Péricaud, *Notes et documents* (1502). — Ils restèrent fixés à ce chiffre de 200 jusqu'à la fin du XVIe siècle. Voyez lettres patentes de Charles IX données à Saint-Germain-en-Laye (1561). (Archives municipales, *Inventaire Chappe*, t. IV, p 211).

sentir partout leur autorité, et savent l'étendre bientôt à toutes choses. Sous ces monarques absolus, il n'est plus question d'empiéter, il ne s'agit plus d'accroître les attributions consulaires; il ne faut songer qu'à défendre le terrain conquis, et on n'y réussit pas toujours.

Dans sa résistance, la tactique du consulat est pourtant assez habile; il se dérobe aux exigences de la royauté plutôt qu'il ne les repousse; il élude, il louvoie, et, sans rompre jamais, il tâche de n'accorder que le moins possible. C'est ainsi qu'il sait conserver son droit de garde, en le partageant, à la dernière rigueur, avec les officiers royaux. Mais il donne son plus remarquable exemple de prudence et de sagesse dans le conflit qui s'élève avec le bailli de Mâcon, au commencement du règne de Louis XI, relativement à l'office de capitaine.

Le bailli prétendait exercer cet office, autrefois compris dans les fonctions du bailliage; il en avait obtenu permission du roi. Le consulat, ne pouvant résister ouvertement, prit un biais pour sauver les apparences et réserver du moins l'avenir. Lui-même nomma ce bailli, capitaine de la ville, affirmant ainsi, jusque dans sa défaite, son droit de pourvoir à cet office (1).

Les faux-fuyants, excellents dans des occasions de ce genre, ne servirent de rien quand on dut répondre aux réclamations financières de la royauté. Sur ce point, le roi n'entendait pas raillerie ; il avait grand besoin d'argent, il fallait s'exécuter. La ville possédait, il est vrai, d'anciennes immunités ; elle était exempte des tailles, que Charles VII rend permanentes à cette époque (2). Peu importe le nom ; on saura tourner la chose, en demandant à Lyon des dons gratuits, des aides de gens d'armes qu'on renouvelait presque chaque année. On jugera de l'importance de ces appels en sachant que Louis XI, de 1466 à 1480, se fit donner ainsi plus de 60,000 livres (3). En fait,

(1) Voyez Clerjon, *Histoire de Lyon*, t. IV, p. 14.

(2) Exemption nominalement confirmée par Louis XI. — Lettres patentes du 23 avril 1472. Voy. Archives municipales, *Inventaire Chappe*, t. III, p. 16.

(3) Voyez Monfalcon, *Histoire monumentale*, t. II, p. 287. — Ces 60,000 livres équivaudraient à environ 2 millions de nos jours, la livre valant, à la fin du XVe siècle, selon Henri Martin (*Histoire de France*, t. VII, p. 320), 4 fr. 55 c. et six ou sept fois autant en

c'est la violation des immunités; et, par un moyen détourné, on a rendu la ville taillable à merci.

Reconnaissante pourtant de ces complaisances financières du consulat, la royauté voulut relever le commerce de Lyon, en accordant de nombreux privilèges à ses foires. Déjà, en 1419, des lettres patentes du dauphin Charles, régent de France, y avaient institué deux foires franches par an, qui devaient durer six jours chacune et commencer, la première trois semaines après Pâques, la seconde le quinzième jour de novembre (1). Cette tentative n'obtint qu'un maigre résultat : ces foires avaient une durée trop courte, et d'ailleurs la guerre continuait d'entraver toute espèce de commerce. On y revint, en 1443, après la paix (2); cette fois, on créa trois foires de quinze jours, commençant le premier mercredi après Pâques, le 26 juillet et le 1er décembre (3). Les marchandises qu'on y amenait

valeur relative. — Les plus forts salaires sont, à cette époque, de trois ou quatre sous par jour (Levasseur, *Histoire des classes ouvrières*, t. I, p. 571).

(1) Voyez *Privilèges des foires de Lyon*, Guillaume Barbier, Lyon, 1649, p. 19 et suivantes.

(2) *Id.*, p. 26. (3) *Id.*, p. 35.

étaient complètement affranchies de toutes les taxes, aides ou impôts du royaume, sauf l'imposition de la chair et le huitième du vin.

Mais les principaux édits concernant les foires furent lancés par Louis XI, en 1462 et 1467 (1). Ce roi supprima d'abord la dangereuse concurrence des foires de Genève, en interdisant à tous les Français de s'y rendre, et en confisquant, à leur passage en France, toutes les marchandises qu'y conduisaient les étrangers. En outre, il porta le nombre des foires de Lyon à quatre, qui devaient se tenir : aux Rois, à Pâques, le 4 août et le 3 novembre. Elles furent octroyées à perpétuité, tandis que celles de 1443 n'avaient été accordées que pour quinze années. Enfin, aux privilèges déjà mentionnés, il ajouta l'exemption du droit d'aubaine pour les marchands étrangers (2).

A perpétuité, sous la monarchie, cela signifiait une durée tout au plus égale à celle de la vie du roi. Chaque changement de règne obligeait à faire confirmer de nouveau ses privi-

(1) *Privilèges des foires de Lyon*, p. 36.

(2) En vertu de ce droit, le roi s'attribuait la succession de tous les étrangers qui mourraient en France.

lèges, contre argent comptant, bien entendu. Et faute d'avoir déboursé suffisamment à l'avénement de Charles VIII, Lyon faillit perdre les foires qui faisaient alors toute sa prospérité. On se les partagea, ou peut-être on les mit à l'enchère ; Bourges en acquit deux, et Troyes, les deux autres (1). Mais le consulat, ayant compris sa première erreur, parvint à la réparer ; grâce à quelques générosités adroitement placées, on modifia l'opinion de la cour, et, en 1494, nos quatre foires nous furent rendues, cette fois pour toujours (2).

En parlant de l'établissement des foires, nous ne devons pas omettre une intéressante institution, créée à leur sujet et qui date de la même époque : c'est le tribunal de la *Conservation*. En 1462, Louis XI établit une juridiction spéciale pour les contestations nées entre commerçants, pendant les foires (3). Un juge-conservateur, qui devait être le bailli de

(1) Voyez lettres patentes données à Tours, le 2 août 1484. Archives municipales, *Inventaire Chappe*, t. VIII, p. 66.

(2) *Privilèges des foires*, p. 61.

(3) *Id.*, p. 45.

Mâcon ou son lieutenant, expédiait rapidement les causes. En 1464, on lui adjoignit des *prud'hommes :* le consulat en désignait un pour chaque marchandise, et sa mission consistait à accorder officieusement les parties (1). S'il n'y parvenait point, il leur faisait nommer deux arbitres, et, en dernier ressort, les renvoyait devant le juge. En somme, c'était une justice équitable, prompte, peu coûteuse, et qui put servir de modèle pour l'organisation des tribunaux de commerce.

Si le consulat fut bien inspiré, en sollicitant de la royauté les divers édits sur les foires, il ne semble pas qu'il se soit montré aussi habile, en laissant échapper, en 1466, l'occasion de créer à Lyon l'industrie de la soie. Louis XI, ému de la grande quantité de métaux précieux que l'achat des étoffes de soie faisait sortir de France, voulut y remédier en établissant des fabriques indigènes. Il jeta les yeux sur Lyon, où, dit-il, il y en avait « jà commencement » (2). Le consulat ne paraît

(1) *Privilèges des foires*, p. 74.

(2) Lettres patentes du 23 novembre 1466, reproduites dans l'intéressante notice historique de M. Vital de Valous, *Étienne Turquet et les origines de la fabrique lyonnaise*, p. 10.

pas avoir compris les avantages qu'on pouvait retirer de cette nouvelle industrie; il seconda fort mal les efforts de Louis XI, il suscita des difficultés, objectant les énormes dépenses auxquelles ces premiers essais allaient entraîner inévitablement, et se plaignant aussi de ce que le roi constituait, en faveur de sa manufacture, un véritable monopole (1).

Sans doute, il y avait du vrai dans ces critiques; mais peut-être eût-il mieux valu s'assurer d'abord la manufacture, quitte à en corriger plus tard les défauts, que de la laisser transporter dans une autre ville et y réussir, comme cela eut lieu en 1469 (2). Tours accueillit avec empressement l'industrie que Lyon repoussait, et cette faute du consulat s'expiera, dans l'avenir, par la concurrence des deux villes.

S'il fallut attendre encore soixante-dix ans pour avoir la fabrique de soie, du moins nous ne sommes pas sans posséder déjà d'autres industries; *travailler le cuivre comme à Lyon*, est un dicton du XVe siècle (3); et, en 1473,

(1) Vital de Valous, *Étienne Turquet*, p. 14.
(2) *Id.*, p. 25.
(3) Monteil, *Français des divers états*, t. III, p. 231.

l'imprimerie, qui devait bientôt rendre notre ville célèbre, y fait sa première apparition. Nous la verrons se développer et grandir au siècle suivant.

Les conseillers-échevins se trompèrent sur les véritables intérêts de la ville, lorsqu'ils laissèrent partir la manufacture créée par Louis XI. Mais ils ne se méprirent pas sur leurs intérêts propres, quand ils profitèrent du passage de Charles VIII, en 1495, pour en obtenir des lettres d'anoblissement (1). Quiconque exercera les fonctions d'échevin jouira dès lors de tous les privilèges de noblesse, et les lèguera à sa postérité : au nombre de ces privilèges, il ne faut pas oublier celui qui exemptait de payer les impôts.

Cette haute faveur provoqua, dit-on, des murmures dans la ville, et c'étaient des murmures bien clairvoyants. De cette mesure devaient sortir, en effet, des conséquences graves pour l'administration de la cité. Sans doute, les fonctions d'échevin étaient lourdes ; il fallait beaucoup d'abnégation pour les remplir,

(1) Voir ces lettres patentes dans Rubys, *Histoire de Lyon*.

car on n'y recevait que les faibles honoraires que nous avons mentionnés, auxquels venait se joindre quelquefois le don d'une robe d'apparat (1). On conçoit donc qu'on ait voulu leur accorder une compensation ; mais celle-ci dépassait le but. Grâce à cet anoblissement des échevins et de leur postérité, on trouvera plus tard, dans la ville, plusieurs dizaines, peut-être plusieurs centaines de familles, — les plus riches, — complètement exemptes d'impôts, et il en résultera une situation financière terrible et sans issue.

Il n'existait déjà que trop de ces exemptions, à l'époque où nous sommes. Autrefois, l'Église et la noblesse étaient seules affranchies des charges, mais depuis on avait considérablement étendu ces privilèges. Etaient exempts, les hommes qui composaient les compagnies d'élite, les coulevriniers, les arbalétriers, les archers ; exempts aussi les marchands étrangers, qu'on appelait les *nations ;* enfin, tous les gens qu'on attirait à Lyon, sous cette pro-

(1) Par exemple, en 1492, 10 livres tournois à chacun d'eux pour les aider à s'habiller d'écarlate. Voyez Péricaud, *Notes et documents.*

messe, lorsqu'on voulait y créer une nouvelle industrie.

Au train dont vont les choses, la partie pauvre de la population sera bientôt la seule qui ne jouisse d'aucune exemption d'impôts. Cependant, comme on ne peut obliger les malheureux à porter au trésor municipal l'argent qu'ils ne possèdent point, il faudra, pour trouver des ressources, révolutionner complètement l'ancien système financier de la ville. On devra renoncer aux tailles et à tous les impôts directs, trop improductifs depuis qu'ils n'atteignent plus qu'une minime portion de la richesse (1) ; de préférence, on usera des impôts indirects, des taxes de consommation, des octrois, et surtout des emprunts. C'est ainsi que les lettres patentes de 1495 lancèrent Lyon dans cette voie funeste qui conduisit à des catastrophes financières, aux banqueroutes du XVIIe et du XVIIIe siècle !

Au XVe siècle, avant cet anoblissement des familles échevinales, les tailles municipales formaient la principale ressource de la

(1) Le cinquième, dira-t-on, au XVIe siècle. Voyez Péricaud, *Notes et documents* (1556).

ville. En 1458, on a revu et réformé les registres, les *nommées,* par les soins d'une commission composée de deux terriers, de deux clercs et de deux marchands (1); et cette évaluation rectifiée du vaillant de chacun, servit aux nombreux appels qu'il fallut faire, presque aussitôt après, pour répondre aux demandes de subsides de la royauté. En 1468, le consulat lève 1 denier pour la manufacture de soie, et 4 deniers pour une aide de guerre (2). Ces deniers se multiplient lors des expéditions en Italie (3). Dans les seules années 1514 et 1515, on voit imposer successivement jusqu'à 24 deniers, procurant, à 3,000 livres le denier, un rendement total de 72,000 livres (4). On se

(1) Voyez Clerjon, *Histoire de Lyon*, t, III, p. 475.

(2) V. de Valous, *Étienne Turquet*, p. 21 et 22.

(3) D'assez fortes tailles municipales avaient été imposées déjà pendant les dernières années du règne de Louis XI, et la régence d'Anne de Beaujeu. En 1480, c'est 12 deniers (délibération consulaire du 7 août, voyez Archives municipales, *Inventaire Chappe*, t. X, p. 9). — En 1488, 1 sol pour livre (lettres patentes de Charles VIII, *Inventaire Chappe*, t. X, p. 10). — En 1490, 8 deniers (lettres patentes données à Amboise, le 17 avril, *Inventaire Chappe*, t. XII, p. 383), etc., etc. . . . .

(4) Clerjon, *Histoire de Lyon,* t. IV, p. 187. — Ces

plaint alors que, dans les vingt dernières années, le consulat a levé sur la population, au moyen des tailles, 425,000 livres (1).

Si l'impôt direct était lourd, cela n'empêchait pas qu'il y eût des taxes indirectes fort nombreuses. On continuait de percevoir le barrage du Pont-du-Rhône (2), le dixième du vin vendu au détail, et, en outre, un droit de deux sols et demi par *queue* sur le vin vendu en gros (3). Charles VIII, dans son inépuisable bienveillance pour le consulat, rendit ces diverses taxes perpétuelles (4).

Pendant ce temps, l'octroi et les aides per-

72,000 livres vaudraient plus de 1,500,000 fr. aujourd'hui.

(1) Clerjon, *id.*, t. IV, p. 239. — A peu près 10 millions.

(2) Le barrage est affermé, en 1497, pour la somme de 1,280 livres. Voyez Archives municipales, *Inventaire Chappe*, t. XIV, p. 175.

(3) Et le double, soit cinq sols, sur le vin qui ne venait pas du Lyonnais. Voyez lettres patentes du 29 décembre 1475. Archives municipales, *Inventaire Chappe*, t. XIV, p. 41.

La queue ou botte contenait six ânées.

(4) En 1495. Voyez Monfalcon, *Histoire monumentale*, t. II, p. 287, et Archives municipales, *Inventaire Chappe*, t. I, p. 71.

çus sur les marchandises entrant dans la ville s'augmentaient sans cesse, et on en voit refaire le tarif vers 1512 (1).

La perception de tous ces impôts indirects était adjugée à des fermiers (2).

La ville se rend elle-même fermière d'un certain nombre d'impôts royaux. Sur le vin, en dehors de la taxe municipale, il en existait aussi une autre au profit du roi, taxe d'un centième au XIVe siècle, mais qui devint progressivement un cinquantième, un huitième, un quatrième (3). Sa perception attirait à Lyon des agents, des fermiers de l'État, dont la présence ne pouvait être que désagréable à la population et surtout à ses magistrats. Pour se débarrasser de ce voisinage incommode, les conseillers-échevins prirent la ferme à leur compte, ce qu'ils firent également pour les

(1) Voyez Clerjon, *Histoire de Lyon*, t. IV, p. 152. — Au surplus, on peut trouver la liste des principaux impôts du temps dans un acte consulaire du 7 janvier 1514. Voyez Archives municipales, *Inventaire Chappe*, t, II, p. 331.

(2) Voyez, plus haut, p. 178, la ferme du barrage, et p. 152 celle du dixième et de l'octroi sur le vin.

(3) Dareste, *Histoire de l'administration*, t. II, p. 81.

gabelles (1). A cette opération, la ville dut gagner tous les bénéfices que les fermiers réalisaient auparavant.

Le budget total se montait, en 1507, à la somme de 17,085 livres pour les recettes, et 18,652 livres pour les dépenses (2); mais ce ne sont là que les ressources ordinaires, et ce chiffre ne comprend point le produit des tailles, des *deniers mis sus,* qu'on percevait irrégulièrement, pour les besoins extraordinaires. Sur ces 17,000 livres, la ville en versait plus des deux tiers au fisc royal, pour le prix des fermes.

Cette année-là, le trésor municipal reste en déficit, ce qui devait lui arriver fréquemment. A la fin du XVe siècle, on se plaint que la ville est surchargée de dettes (3). Les aides au roi

(1) En 1487, par les lettres patentes du 13 septembre, la ferme des aides et gabelles fut accordée à la ville pour dix ans et au prix de 1,000 livres par an, bail qu'on renouvela, d'ailleurs, à son expiration. Voyez, Archives municipales, *Inventaire Chappe* t. VIII, p. 225. — Le consulat avait acquis aussi, au prix de 2,500 livres par an, la ferme des droits de rêve. Lettres patentes du 16 septembre 1490, Archives municipales, *Inventaire Chappe*, t. VIII, p. 226.

(2) Voyez Vital de Valous, *Étienne Turquet*, p. 44.

(3) Voyez Clerjon, *Histoire de Lyon*, t. IV, p. 69.

et la réparation des murailles ont exigé des sommes toujours plus considérables, qu'on a dû demander à l'emprunt, car l'impôt est déjà si lourd qu'il amène parfois l'émigration des artisans.

Lorsque la misère s'accroît, les institutions hospitalières prennent plus d'importance; aussi voit-on le consulat s'en occuper alors avec le plus grand soin. Indépendamment de celui du Pont-du-Rhône, toujours le plus important, il existe à Lyon un grand nombre d'autres hôpitaux : Saint-Laurent-des-Vignes, ou hôpital de la Quarantaine, où sont reçus les pestiférés, et aussi les malheureux atteints de la maladie nouvelle, la syphilis (1); l'hôpital de la Chana, celui de Sainte-Catherine, etc. En 1478, ils sont tous réunis sous une seule administration, dont le consulat prend la direction (1486), en indemnisant les religieux de la Chassagne, entre les mains de qui elle se trouvait auparavant (2). C'est ainsi que s'accomplit la laïcisation de nos hôpitaux.

(1) Voyez, Archives municipales, *Inventaire Chappe*, t. XIX, p. 631.

(2) Monfalcon, *Histoire monumentale*, t. I, p. 344; t. VIII, p. 20, *tables*; Clerjon, *Histoire de Lyon*, t. II,

En dehors des hôpitaux, le consulat a même créé un service gratuit, à domicile, pour les pauvres gens qui ne peuvent aller consulter le médecin (1); service qui dura jusqu'à ce que l'*Aumône* vînt le remplacer, en lui substituant une organisation plus complète. Mais c'est là une initiative remarquable au XVe siècle, et qui prouve combien l'administration consulaire fut intelligente dans ces questions d'assistance. Il semble que la haute bourgeoisie, par toutes ces institutions charitables, s'efforce de racheter l'usurpation qu'elle a commise au détriment du peuple, et qui va provoquer une longue et dernière lutte entre les deux classes, pendant plus de cinquante années.

p. 186. — Voyez aussi la bulle du pape Sixte IV, qui confirma l'acquisition de l'hôpital du Pont-du-Rhône. Archives municipales, *Inventaire Chappe*, t. XIX, p. 532.

(1) Voyez Clerjon, *Histoire de Lyon*, t. III, p. 473.

Chapitre IX

LUTTE DES CLASSES

Sommaire : Séparation des classes. — Confréries d'artisans. — Les ouvriers demandent des jurandes. — Dilapidations financières. — Emeute et procès de 1515. — Une grève des imprimeurs. — La royauté s'allie à la bourgeoisie.

Les sanglantes exécutions de 1400 et de 1436 n'avaient nullement résolu la question pendante entre la démocratie et l'oligarchie. De leurs défaites, les artisans conclurent seulement qu'ils étaient trop faibles pour emporter le pouvoir par un coup de main, et qu'il fallait s'organiser en silence, se préparer à la lutte contre la bourgeoisie, comme jadis cette même bourgeoisie s'était préparée à la lutte contre son archevêque et ses chanoines. Prenant exemple de ces devanciers, pour atteindre leur but ils mêleront habilement, eux aussi, les armes et la procédure, la violence et les négociations.

Toutefois, il existe une différence notable

entre les guerres communales du XIIIe siècle et les insurrections sociales du XVIe. Dans les premières, il ne s'agissait que de conquérir le pouvoir ; le mouvement paraît purement politique. Au XVIe siècle, il est en même temps économique, pour une bonne part. Les artisans se révoltent contre des oligarques qui sont aussi leurs patrons ; ils demandent à la fois qu'on ne les chasse plus du conseil de la commune, et qu'on leur assure un salaire suffisant pour ne pas mourir de faim.

Les bourgeois s'étaient concertés et disciplinés dans leurs corps de métiers, avant de monter à l'assaut de l'autorité ecclésiastique ; les artisans se groupèrent de même dans les confréries. Ces associations prirent naissance, au XVe siècle, d'un besoin de solidarité et de mutuelle assistance, tout à fait semblable à celui qui avait amené la création des collèges romains dans l'antiquité, et des corporations et des ghildes, sous le régime féodal. Mais les corporations, où riches et pauvres, d'intérêts opposés, se trouvaient mêlés ensemble, ne pouvaient plus être ces assemblées fraternelles qu'avait symbolisées le banquet. Chaque classe alla de son côté ; chaque individu se réunit avec ses égaux ; et cette séparation, qui se produisit dans presque tous les métiers, mit en présence les deux camps antagonistes des confréries de maîtres et des confréries d'ouvriers.

Une confrérie se plaçait toujours sous le patronage d'un saint ; obéissant aux idées du temps, elle se colorait du prétexte de nombreuses cérémonies religieuses. Mais elle avait ses chefs, son administration, son budget ; elle imposait à ses membres des cotisations, des amendes ; c'était, en un mot, une organisation complète qui, mise au service des revendications populaires, devenait un instrument redoutable et redouté.

Aussi le consulat s'efforça-t-il d'empêcher l'établissement des confréries d'artisans à Lyon. Les premières, selon Rubys, datent de 1466 (1). Dix ans après, les conseillers s'adressent au roi Louis XI, pour en obtenir la suppression. Celui-ci n'avait rien à refuser aux magistrats d'une ville qui lui fournissait autant d'argent ; il proscrivit donc sévèrement les « assemblées d'artisans » (2).

(1) *Histoire véritable de Lyon*, p. 346.

(2) Voyez les lettres patentes et l'ordonnance du 14 avril 1476. Archives municipales, *Inventaire Chappe*, t. VI, p. 10 et 13.

En 1486, il s'élève entre les deux classes un nouveau conflit, cette fois d'un caractère nettement économique. Les artisans font, dans leurs confréries, « des conjurations » pour obtenir l'établissement des jurandes. Ils veulent garantir leur gagne-pain contre la concurrence, et pour cela fermer leurs métiers aux ouvriers étrangers : ils sont facilement entraînés vers le régime protecteur, ceux dont l'existence manque de sécurité et qui se sentent chaque jour à la merci du lendemain ! La bourgeoisie défendit la cause de la liberté, et elle triompha encore auprès du pouvoir royal, alors entre les mains de la régente Anne de Beaujeu, ferme continuatrice de la politique de son père (1).

A ces réclamations n'avaient pas cessé de se joindre les plaintes des artisans, relativement à ce qu'on leur avait enlevé la nomination des maîtres-gardes, et par suite toute participation au choix des échevins. On prétend même que le pouvoir ecclésiastique appuyait secrètement les revendications populaires. Cela est

(1) Voyez les lettres patentes du 16 juin 1490. Archives municipales, *Inventaire Chappe*, t. VI, p. 12.

fort possible, et rien ne nous semble plus naturel qu'une pareille alliance. A notre sens, ce ne fut pas seulement le dépit et une perfidie machiavélique qui poussèrent l'Église dans cette voie, car nous verrons, plus tard, qu'elle montra souvent plus de sympathie aux classes pauvres que l'égoïste bourgeoisie.

Quoi qu'il en soit, les artisans repoussés, déboutés de toutes leurs demandes, plus que jamais aigris et mécontents, retournèrent conspirer dans leurs confréries, en attendant l'explosion suprême qui éclatera au commencement du XVIe siècle.

Une série d'années de disette avait disposé les esprits au tumulte et à l'émeute. D'ailleurs, les artisans semblent dirigés alors par des meneurs intelligents, éclairés, habiles à profiter de toutes les circonstances favorables. Des hommes de la bourgeoisie sont venus se mettre à leur tête, et donner plus d'esprit de suite au parti démocratique ; dans les documents du temps, on rencontre fréquemment les noms de deux notables, Jean Villars et Clément Mulat, qui s'étaient fait les porte-parole des classes populaires (1).

(1) Clément Mulat aurait donné son nom à la Mulatière, selon Grandperret, *Lyon*, p. 177.

Ils attaquèrent le consulat sur un point où il paraît avoir été véritablement en faute, sa gestion financière. Ils lui reprochèrent des dilapidations, des prévarications même : on voit, dirent-ils, les conseillers s'enrichir dans le maniement des deniers communs ; lorsque le roi demande des subsides, ils taxent la ville pour une somme supérieure, et la différence va dans leur escarcelle ; en peu d'années, les impôts ont produit 285,500 livres, et il leur est impossible d'en justifier l'emploi. Jean Villars et Clément Mulat terminent en demandant qu'on communique au peuple une vérification officielle des comptes ; il faut de la lumière dans les finances ; ceux qui payent doivent savoir où a passé leur argent ! (1). Vraiment, ne croirait-on pas lire une critique nouvellement écrite par l'un de nos journalistes contemporains ?

Aux paroles succédèrent bientôt les actes. En juillet 1515, les chefs du parti démocratique organisèrent une manifestation contre le consulat. Une multitude irritée entoura l'hôtel

(1) Voyez Clerjon, *Histoire de Lyon*, t. IV, p. 187 et suivantes.

commun, envahit brusquement la salle des délibérations où siégeait alors une assemblée de notables, et seize procureurs, se détachant de la foule, vinrent formuler les griefs du peuple.

Dans leur rude langage, les projets de la révolte se révélèrent complètement. Ils voulaient bien, comme déjà l'avaient réclamé pour eux leurs avocats d'office, l'ordre dans les finances et la vérification des comptes; mais, en outre, ils s'élevèrent, avec la plus grande énergie, contre les tendances oligarchiques de l'administration consulaire. « Messieurs les conseillers constituaient *un gouvernement comme à Venise*, où rien ne sort des grandes familles. Il était temps de changer de maximes. Il faut qu'on sache bien que le peuple seul a le droit de nommer les échevins. » Et ils rappelaient les premiers temps du consulat, lorsque tous les artisans choisissaient les maîtres-gardes et les conseillers; les élections se faisaient alors publiquement dans la chapelle Saint-Jacquême, et on les soumettait à la sanction du peuple, réuni dans l'église Saint-Nizier. Il fallait revenir à ces anciennes pratiques; il fallait renoncer aussi à toutes les nouveautés imaginées au détriment du peuple : suppression des terriers, renouvellement du procureur et du secrétaire chaque année, révision des registres des tailles, les *nommées*. En un mot, égalité de charges, égalité de droits, et retour pur et simple aux coutumes du XIVe siècle (1).

Rien de plus légitime et de mieux conçu que ces réclamations ; le peuple s'est visiblement assagi, depuis 1400 ; dans les réunions de confréries, son esprit s'est élargi, et il a pris l'habitude de discuter et de comprendre le maniement d'affaires communes. Les moyens ont aussi bien changé ; plus de cris de mort, plus de pillage, mais des plaidoyers, des discours, qu'on termine par des appels au roi et au Parlement. C'est un essai de révolution légale et non pas une *rebeyne* (2).

Mais les artisans ne réussirent pas mieux

(1) Voyez Rubys, *Histoire de Lyon*, p. 360, et Clerjon, t. IV, p. 203 et suiv. et p. 239. Ces griefs sont également mentionnés dans l'arrêt du Parlement (11 août 1516) qui condamna le peuple. Voyez, Archives municipales, *Inventaire Chappe*, t. II, p. 337.

(2) Vieux mot lyonnais qui s'employait pour *émeute* ou *tumulte*.

pour cela. Le 11 août 1516, ils sont déboutés de toutes leurs prétentions par un arrêt du Parlement (1). Pourtant, ils ne se découragent pas encore ; de nouveau ils sollicitent auprès du roi, et leur procès est instruit une seconde fois par des commissaires royaux. Ils n'en sont que mieux condamnés (1521) (2) ; et, pour terminer la chose, le bailli de Mâcon est chargé de poursuivre les meneurs. Heureusement, les troubles avaient été peu violents ; la répression fut aussi moins rigoureuse. Les chefs du peuple ne subirent qu'un léger emprisonnement ; en outre, quelques-uns d'entre eux durent, publiquement, faire amende honorable au consulat (3).

Vaincus sur le terrain judiciaire, les artisans retournèrent à leurs émeutes, et ce grand mouvement démocratique avorté se prolongea, par des échos affaiblis, pendant plusieurs années encore. En 1529, on signale un soulèvement à propos de disette et d'une

(1) Voir la note, p. 190.

(2) Voyez ce jugement rendu par les commissaires royaux. Archives municipales, *Inventaire Chappe*, t. II, p. 341.

(3) Voyez Clerjon, *Histoire de Lyon*, t. IV, p. 243.

nouvelle entrée sur le vin (1); le peuple y trouva l'occasion de se venger de ses principaux adversaires de 1515, dont il pilla les maisons (2). L'ordre fut rétabli par un massacre, comme à Varsovie (3).

En 1538, une revendication de salaires, une véritable grève marqua le dernier épisode de cette lutte des deux classes (4). Les compagnons imprimeurs se coalisèrent pour obtenir un tarif et restreindre le nombre des apprentis. Les patrons s'adressèrent au pouvoir royal, qui condamna et proscrivit la coalition des ouvriers (1541) (5);

Grâce à son tout-puissant allié, le roi, la bourgeoisie l'emporte ainsi sur toute la ligne; victorieuse dans les questions de salaires, victorieuse dans les questions municipales, elle garde irrévocablement toutes les positions qu'elle avait conquises au XVe siècle.

(1) Voyez Monfalcon, *Histoire monumentale*, t. II, p. 8; et Clerjon, *Histoire de Lyon*, t. IV, p. 315 et suivantes.

(2) Notamment celle de Symphorien Champier.

(3) Clerjon, *id.*, t. IV, p. 334.

(4) Monfalcon, *id.*, t. I, p. 365.

(5) Henri Martin, *Histoire de France*, t. VIII, p. 128.

Elle va pouvoir administrer à sa guise, sans craindre désormais d'être inquiétée par les artisans et le peuple; ce n'est que dans son propre sein qu'il se créera plus tard des partis rivaux.

Chapitre X

—

INSTITUTIONS COMMERCIALES ET MUNICIPALES

—

Sommaire : Renaissance. — L'imprimerie. — Le collège de la Trinité. — L'industrie de la soie ; ses premiers règlements. — L'Aumône générale. — Les approvisionnements de blé et leurs effets. — Lourdes charges financières. — Responsabilité des Conseillers — Nouveaux impôts. — La douane de Lyon et les six deniers. — Perception de la douane. — Le pied fourché. — L'entrée du vin. — La taxe des loyers. — Création de la dette. — Les exemptions. — Le présidial. — L'intendant. — Faiblesse de l'autorité consulaire.

Nous devons avouer que la bourgeoisie parut faire d'abord un magnifique usage de son pouvoir usurpé. La prospérité de Lyon atteint peut-être son point culminant dans la première moitié du XVIe siècle, précisément après que l'oligarchie se fût délivrée de toute ingérence du peuple dans les affaires de la cité. Alors s'élèvent, et presque toutes en même temps, nos plus célèbres institutions municipales et commerciales.

Toutefois, l'honneur d'avoir provoqué cette éclosion brillante ne revient pas uniquement à l'habileté de l'administration consulaire. Nous sommes à une époque qui a mérité son nom de Renaissance, en ressuscitant les sciences, les lettres, les arts, en galvanisant l'activité humaine dans toutes ses branches, la navigation, le commerce, l'industrie. Les échevins lyonnais s'inspirèrent de cet esprit nouveau qui créait partout des prodiges ; ils ne furent pas indignes de leur temps ; ce sera leur titre de gloire.

L'imprimerie fut la première industrie dont nous dota la Renaissance ; Lyon devint alors la ville de France où il se publiait le plus de livres (1) ; et il n'est pas douteux qu'il dût en résulter, pour la population, un réveil du goût des études. On se prit probablement à regretter que l'administration consulaire, plus préoccupée de commerce que de science, n'eût pas maintenu notre cité au rang qu'elle occupait au moyen âge par ses écoles. Il n'y existait plus que quelques petites écoles élémentaires, entretenues aux frais de sociétés

(1) Monteil, *Français des divers états*, t. VI, p. 117.

particulières, le plus souvent des confréries, et que la ville subventionnait parfois. Ce fut sur l'emplacement de l'une d'elles que s'éleva, en 1527, le collège municipal de la Trinité (1).

Institution modeste au début, car le consulat, médiocrement généreux pour les besoins de l'enseignement, se contenta d'installer dans son nouveau collège un recteur et deux ou trois régents, tous fort mal payés. En outre, un conflit éclata presqu'aussitôt avec le chapitre, relativement à la nomination des maîtres. Faisant remonter leurs droits à l'archevêque Leydrade et à son école des chantres, les chanoines prétendaient administrer, à Lyon, toutes les écoles. Il fallut transiger avec eux; le consulat nomma les professeurs, sous la condition de faire ratifier ses choix par le chapitre (2). Il semble que l'agrément du gouverneur ou de son lieutenant était également nécessaire pour la validité de ces nominations (3).

(1) Voyez l'acte de vente, du 21 juillet 1527, par lequel la confrérie de la Trinité céda son école et le terrain au consulat. Archives municipales, *Inventaire Chappe*, t. XX, p. 190.

(2) Voyez Clerjon, *Histoire de Lyon*, t. IV, p. 307.

(3) *Id.*, t. V. p. 120.

Malgré ces premières difficultés, l'institution vécut. Par des acquisitions nouvelles, le consulat agrandit son collège et le rendit plus digne d'une grande cité. Les cours y étaient gratuits ; on y enseignait les langues mortes, la poésie, l'éloquence ; chaque bachelier ou professeur recevait 50 livres de gages, et le directeur 100 livres (1).

Un peu plus tard, vers le milieu du XVIe siècle, il se créa aussi, près de Saint-Jean, le collège de Notre-Dame, également subventionné par les deniers de la ville (2). Enfin, il existait déjà une sorte de collège de médecine, fondé dans le but d'imposer des examens aux aspirants à l'exercice de cet art, et d'arrêter ainsi les exploits des charlatans, dont le nombre augmentait tous les jours (3).

Mais, si louables que soient ces diverses institutions, ce n'était pas du côté des choses de l'esprit que Lyon devait prendre son plus

(1) Voyez Clerjon, *Histoire de Lyon*, t. IV, p. 307. Il faut multiplier par quinze, pour avoir la valeur correspondante de nos jours.

(2) Voyez Archives municipales, Actes consulaires, BB, 75.

(3) Monfalcon, *Histoire monumentale*, t. II, p. 37.

grand développement. Jusqu'alors cette ville avait été remarquable surtout par son commerce; à cette époque elle acquiert définitivement l'industrie qui fera sa renommée dans l'avenir.

L'essai de manufacture de soie, tenté autrefois par Louis XI, avait laissé des traces; quelques métiers restèrent à Lyon, même après le transport de la fabrique à Tours. Dans un dénombrement de 1493, on trouve mentionné 16 tissotiers : 8 du côté de la Saône et 8 du côté du Rhône (1). En 1533, il y avait dans notre ville 400 personnes occupées au travail de la soie (2). Ce fut le noyau dont s'emparèrent (1536) les deux marchands gênois, Turquetti et Nariz, pour constituer une industrie rivale des grandes fabriques d'Italie.

Ils sollicitèrent des privilèges pour attirer d'habiles ouvriers de leur pays : l'exemption des gabelles, des octrois et des aides, du guet et de la garde (3). Pour eux-mêmes, ils ne

(1) Vital de Valous, *Revue du Lyonnais*, (1874), t. XVII, p. 480.

(2) Vital de Valous, *Étienne Turquet*, p. 30.

(3) Vital de Valous, *Étienne Turquet*, p. 37.

demandèrent pas de monopole proprement dit; ils se contentaient de percevoir un droit sur toutes les étoffes que leurs concurrents fabriqueraient (1).

Tout leur fut accordé; le consulat obtint du roi des lettres patentes de privilèges, qu'il rétrocéda ensuite à Turquet (2). Les encouragements à la nouvelle industrie ne s'arrêtèrent pas là; nous voyons plus tard le consulat avancer à ce hardi négociant une somme de 500 écus pour l'achat d'une chaudière à cuire ses couleurs et d'un moulin (3); enfin, on lui donna l'autorisation de faire appel aux capitaux et de fonder une compagnie financière pour le développement de sa fabrique.

La première compagnie se créa en 1538, au capital primitif de 4,000 livres tournois, que, un an après, on fut obligé de porter à 8,000 livres (4); les actionnaires jouissaient de tous les privilèges reconnus aux ouvriers.

(1) Vital de Valous, *Étienne Turquet*, p. 38.

(2) Lettres patentes d'octobre 1536. V. de Valous, *Étienne Turquet*, p. 38. Voy. aussi Clerjon, *Histoire de Lyon*, t. IV, p. 397.

(3) Clerjon, *Histoire de Lyon*, t. IV, p. 399.

(4) Vital de Valous, *Étienne Turquet*, p. 53 et 54.

Turquet ne parvint pas à s'enrichir, à travers toutes ses vastes entreprises ; on pense qu'il mourut ruiné (1).

Mais, quoi qu'il en soit, son œuvre réussit; l'impulsion qu'il avait donnée fit naître des émules, et l'industrie grandit si rapidement qu'en 1553 elle employait déjà 12,000 artisans (2).

Dès 1540, ce nouveau métier, qu'on appelait métier des veloutiers, avait pris sa place dans l'organisation municipale de la ville (3). Il possède ses deux maîtres-gardes, qui participent à l'élection des conseillers ; mais, par une faveur toute spéciale, on lui accorde deux autres maîtres-gardes supplémentaires, dont la nomination est réservée aux veloutiers eux-mêmes. On voit, dans le règlement de 1551, le rôle et les attributions de ces quatre maîtres-gardes : ils doivent surveiller la fabrication, s'assurer qu'il ne sort des ateliers que des produits irréprochables ; et pour cela, ils exercent un droit d'inspection illimité (4).

(1) Vital de Valous, *Étienne Turquet*, supplément.

(2) *Id.*, p. 59.

(3) *Id.*, p. 58.

(4) Voy. Clerjon, *Histoire de Lyon*, t. V, p. 72, et Monfalcon, *Histoire monumentale*, t. II, p. 25.

Grâce à la fabrique de soie, et à plusieurs autres industries qui se créèrent immédiatement après elle (1), la population de Lyon a considérablement augmenté. C'est l'une des plus grosses villes du temps ; on y compte peut-être 100,000 habitants (2). Sous ses penons marchent, dit-on, 18,000 hommes en état de porter les armes (3). On a d'ailleurs réorganisé cette milice ; les penons sont au nombre de 36, dont 14 du côté de Saint-Jean, et 22 du côté de Saint-Nizier. Chaque compagnie est subdivisée en quartiers, commandés par un quartenier ; il y a 89 quartiers, dont 30 du côté de Saint-Jean, et 59 du côté de Saint-Nizier (4).

Les institutions charitables marchent de pair avec la population et l'industrie. En 1533, apparaît l'*Aumône générale*, qui fut le

(1) La fabrication des futaines (1549) ; celle des poteries (1556) ; une fabrique de savon, etc. (Voyez Clerjon, *Histoire de Lyon*, t. V, p. 70 et 71.)

(2) Péricaud, *Notes et documents* (1549).

(3) Clerjon, *Histoire de Lyon*, t. IV, 418. — Monteil dit 20,000 hommes. (*Français des divers états*, t. V, p. 88.)

(4) Voy. Clerjon, *Histoire de Lyon*, t. V, p. 91.

premier exemple, en France, d'une organisation régulière de l'assistance publique.

Auparavant, et suivant un usage qui paraît remonter au XVe siècle, le consulat achetait des blés en Bourgogne, lorsque cette denrée menaçait de manquer à Lyon, et alors il faisait vendre le pain aux habitants au-dessous de son prix de revient. Pour couvrir les pertes de cette opération, un fonds spécial était constitué avec des souscriptions volontaires des principaux bourgeois, et servait également à donner quelques secours en argent aux plus malheureux. A la suite de la rigoureuse disette de 1531, où ces moyens avaient dû être employés dans une large mesure, on songea à établir une caisse permanente de prévoyance, qui, s'accumulant peu à peu pendant les bonnes années, offrirait des ressources toutes prêtes lorsque viendraient les années mauvaises (1). L'idée fut émise et unanimement approuvée dans l'assemblée de notables réunie pour vérifier les comptes de 1531 ; on décida aussitôt que le faible reliquat restant

(1) Voyez Clerjon, *Histoire de Lyon*, t. IV, p. 359 et suivantes.

des souscriptions, 396 livres 25 sols 7 deniers, formerait le premier fonds de l'Aumône, et, afin de l'augmenter, chacun s'engagea pour une contribution déterminée. Pour gérer l'œuvre nouvelle, on nomma huit recteurs, renouvelables par moitié toutes les années, auxquels se joignit bientôt un neuvième, le trésorier (1); fonctions tout honorifiques et onéreuses, car, en cas d'insuffisance de la caisse, le trésorier et les recteurs devaient faire des avances prises sur leur propre fortune (2).

En 1560, l'Aumône était devenue assez importante pour qu'on la constituât en administration distincte, indépendante du corps de ville et du consulat (3). Le rectorat eut le droit de se renouveler lui-même; chaque année les quatre membres restants choisissaient

(1) Clerjon, *Histoire de Lyon*, t. IV, p. 360, et Paradin, *Mémoires*, p. 291. — Au début, deux recteurs, sur les huit dont se composait l'administration de l'Aumône, étaient spécialement chargés du service de la trésorerie. Paradin, *id.*, p. 296.

(2) Clerjon. *Histoire de Lyon*, t. IV, p. 368.

(3) Lettres patentes de décembre 1560. Voyez, Archives municipales, *Inventaire Chappe*, t. XIX, p. 578.

quatre notables pour remplacer les membres sortants. Cette nomination était pourtant soumise à la ratification du consulat (1).

Désormais, nul autre que l'Aumône ne put s'occuper de charité ou d'assistance à Lyon (2). Seule, elle eut le privilège de faire des quêtes; elle prit aussi la direction des anciennes ladreries de la Madeleine et de Balmont, auxquelles elle fournit un subside de 6 sous par tête et par jour (3). Enfin, se chargeant de pourvoir à l'existence de tous les pauvres, elle fit défen-

(1) Malgré cette quasi-indépendance, les échevins lyonnais ne cessèrent jamais de considérer l'Aumône comme une véritable institution municipale, soumise à l'autorité des magistrats de la Ville, tout comme l'Hôtel-Dieu qu'ils administraient encore eux-mêmes. On peut consulter à cet égard deux mémoires, du 30 mars 1649 (Archives municipales, *Inventaire Chappe*, XIX, 584), et de 1658 (*id.*, XIX, 585) dans lesquels se trouve formellement exprimée la condition que le trésorier de l'Aumône rendra ses comptes en présence des conseillers. Plus concluant encore est un acte du 6 septembre 1579, par lequel les conseillers échevins sont reconnus « pour vrais et primitifs recteurs de ladite Aumône générale ». (Archives municipales, *Inventaire Chappe*, t. XIX, p. 580.)

(2) Sauf, pour les malades, l'administration de l'Hôtel-Dieu, qui conserve son existence propre.

(3) Voyez Clerjon, *Histoire de Lyon*, t. IV, p. 364.

dre rigoureusement la mendicité : tout mendiant est puni du fouet ; les habitants n'ont pas le droit de leur donner aumône (1).

Ce règlement sévère ne reste point lettre morte, car l'Aumône a sa police ; des bedeaux ou archers parcourent la ville, des gardes arrêtent aux portes les mendiants étrangers. La Tour-du-Temple, dans le quartier des Terreaux, lui est cédée par le consulat, pour qu'elle y puisse enfermer les pauvres, coupables de contravention (2).

D'ailleurs, la distribution des secours est faite très sérieusement et d'une façon fort régulière. Elle a lieu tous les dimanches et dans cinq quartiers à la fois : à l'hôpital de la Chana, à la place Saint-Georges, à l'hôpital Sainte-Catherine, au couvent de Saint-Bonaventure et à celui des Dominicains ou Jacobins. Il est remis à chaque mendiant, pour une semaine, un pain de 10 à 12 livres, et, en outre, pour sa pitance, 12 deniers en argent, qui vaudraient 6 à 7 fr. aujourd'hui (3).

(1) Clerjon, *Histoire de Lyon*, t. IV, p. 362 et 363.

(2) Clerjon, *id.*, t. IV, p. 362, et Paradin, *Mémoires*, p. 292.

(3) Clerjon, *id.*, t. IV, p. 364 ; Paradin, *id.*, p. 294 et 295.

Ce devait être là une lourde charge, en raison du nombre considérable des pauvres. On assure qu'il y en eut jusqu'à 20,000 ; en tout cas, il en figure 7,000 dans une procession, en 1559 (1). Ne sachant où les abriter, l'administration de l'Aumône est parfois obligée de les loger chez les bourgeois, qui ne peuvent alors refuser ces garnisaires d'un nouveau genre (2). Ceci, pour les pauvres sains et valides ; quant aux malades, on les faisait entrer à l'Hôtel-Dieu ; les garçons orphelins étaient recueillis au prieuré de la Chana, et les filles orphelines à l'hôpital de Sainte-Catherine (3).

De quelles ressources vivait cette vaste administration qui embrasse tout, mendiants, voyageurs, orphelins ? Uniquement de souscriptions volontaires, de dons et de legs. Quelques-unes de ces souscriptions étaient régulières ; nous pouvons citer le chapitre de la cathédrale qui versait à la caisse de l'Aumône 20 livres tournois chaque semaine. Les dons et legs sont nombreux ; il n'est presque pas

(1) Clerjon, *Histoire de Lyon*, t. V, p. 97.

(2) Clerjon, *id.*, t. IV, p. 366.

(3) Voyez Monfalcon, *Histoire monumentale*, t. II, p. 29 ; et Paradin, *Mémoires*, p. 293 et 294.

de riche personnage de ce temps qui ne laisse une partie de ses biens à l'Aumône; chacun connaît le nom de l'Allemand Jean Cléberg, qui se rendit célèbre par sa bienfaisance.

L'Aumône parvient ainsi à se constituer un budget important; son exercice budgétaire durait deux années; pour celui de 1536-38, les recettes sont de 15,864 livres 8 sols 11 deniers, et les dépenses de 15,553 livres 18 sols 8 deniers (1), ce qui équivaut à peu près à 200,000 fr. de notre monnaie. Et n'oublions pas que nous ne sommes qu'au début !

Plus tard, l'Aumône put tirer un revenu du travail de ses pupilles. Turquet employa les pauvres filles des hôpitaux au dévidage de la soie, moyennant un salaire que touchait le rectorat (2). De véritables ateliers sont créés, à cette intention, dans plusieurs quartiers de la ville, et c'est ainsi qu'on peut faire remonter au XVIe siècle la première origine, à Lyon, des couvents-ateliers de femmes, qui ont soulevé tant de controverses au XIXe.

Parallèlement à l'action permanente de l'Au-

(1) Vital de Valous, *Étienne Turquet*, p. 34.

(2) Vital de Valous, *Étienne Turquet*, p. 44 et suivantes.

mône subsista, comme moyen exceptionnel d'assistance, l'habitude des approvisionnements de blé, dans les années de disette. Nous l'avons déjà mentionnée plus haut ; il est bon d'y revenir pour en apprécier les résultats.

Le consulat obtenait du roi une traite pour acheter des blés en Bourgogne ; arrivés à Lyon, on livrait ces blés aux boulangers, à des prix inférieurs à ceux du commerce, mais en revanche, on frappait le pain d'une taxe maximum, dans l'intérêt des consommateurs pauvres. Tel était du moins le but qu'on se proposait, car, dans la pratique, on obtenait souvent des résultats tout opposés. Parfois les approvisionnements du consulat, avec la lenteur des transports à cette époque, se trouvaient avoir été précédés à Lyon par la baisse des prix, et la ville possédait ainsi un stock de blés, achetés au-dessus du cours. Désireux d'écouler cette embarrassante provision, sans y éprouver des pertes trop grosses, les conseillers usaient de leur toute-puissance pour obliger les boulangers à se pourvoir aux greniers municipaux, et à des prix imposés. C'était la perturbation complète du commerce des grains ; c'était aussi le maintien d'une hausse factice dans le prix du pain, alors que le consulat avait cru agir dans l'intérêt de la baisse. En fin de compte, il fallait se résigner, malgré tout, à la dépréciation des prix, et subir d'énormes différences qui retombaient sur le budget de la ville (1).

Aussi plusieurs de nos historiens lyonnais ont-ils blâmé cette coutume des approvisionnements consulaires, que nous verrons se prolonger pendant longtemps encore. Ce fut, nous le voulons bien, un préjugé de ce temps mal instruit de la science économique, que d'aller chercher un remède à la cherté du pain ailleurs que dans la liberté du commerce. Mais il ne dépendait pas de nos conseillers-échevins de faire disparaître les entraves qui s'opposaient alors à la circulation des grains, et nous pensons qu'ils obéirent à un sentiment fort louable, lorsqu'ils employèrent les ressources de toute la ville, pour empêcher que la partie la plus pauvre n'en vînt à manquer de pain. Peut-être, en s'inspirant de cet exemple, les administrateurs de nos cités mo-

(1) Voyez Clerjon, *Histoire de Lyon*, t. V, p. 78 et 79.

dernes pourraient-ils modérer parfois la hausse factice qu'une spéculation toute-puissante amène fréquemment sur les denrées de première nécessité !

Le danger, pour les finances de la ville et son commerce, n'est pas dans les approvisionnements ; on le trouvera plutôt dans les exigences croissantes de la royauté, qui obligent le consulat à écraser la population sous le poids de charges nouvelles, et lui font contracter des dettes qui ne cesseront de s'accroître. La taxe pour la solde des gens de guerre, imaginée par Charles VII et Louis XI, pour remplacer la taille dont Lyon était exempt, devient un impôt permanent, que les Valois élèvent à des sommes considérables. Sous le roi François Ier, c'est jusqu'à 60,000 livres qu'on prend chaque année à la ville pour cette seule taxe (1); et sous Henri II, nous la voyons monter, en 1548, à 67,500 livres (2). Croyant obtenir une diminution, les conseillers décla-

(1) En 1544, 66,000 livres. Voy., Archives municipales, *Inventaire Chappe*, t. XII, p. 44.

(2) Voyez les lettres patentes du 28 décembre 1547. Archives municipales, *Inventaire Chappe*, t. XII, p. 47.

rent qu'ils ne peuvent payer; on les emprisonne comme de simples débiteurs, jusqu'à ce qu'ils aient réuni les fonds nécessaires; à cette époque, ils étaient pécuniairement et corporellement responsables, non-seulement de leur gestion, mais de toutes les obligations qu'ils contractaient au nom de la ville (1).

Outre cette aide des gens de guerre, le commerce de Lyon paye encore au roi plusieurs autres impôts: une taxe de 12 deniers par livre, mise depuis fort longtemps sur la fabrication des draps de soie; la gabelle des épices, qu'on augmente pour la porter à six écus par balle (2); les droits de rêve, de foraine, de haut passage, perçus sur les marchandises sortant du royaume, et qu'on réunit en une seule taxe (1540) de 20 deniers par livre. Cette taxe frappe de 40 sous chaque livre de drap de soie (3).

(1) Cette responsabilité remonte à l'établissement même du pouvoir consulaire. Déjà, en 1470, on voit les douze consuls emprisonnés pour le fait des aides. Voyez, Archives municipales, *Inventaire Chappe*, t. XII, p. 31.

(2) Voy. Clerjon, *Histoire de Lyon*, t. IV, p. 460.

(3) Levasseur, *Histoire des classes ouvrières*, t. II,

Il est vrai que, dans la même année 1540 (édit du 18 juillet), on institua aussi la douane de Lyon (1), qui frappait d'un droit de cinq pour cent toutes les étoffes de soie venant de l'étranger. Toutes les soieries importées, quelle que fût leur destination en France, devaient être conduites préalablement à Lyon pour y acquitter cette taxe, condition qui contribua certainement à développer le commerce de la ville.

Indépendamment de ces impôts perçus pour le compte du roi, il existait toujours, au bénéfice de l'archevêque et du chapitre, les droits de coponage, sur les bêtes passant le

p. 70. Voyez aussi, sur la rêve et foraine, les édits de novembre 1551 et mai 1556. Archives municipales, *Inventaire Chappe*, t. VIII, p. 257.

(1) Ou plutôt on la confirma, car le droit de 5 %, perçu à Lyon sur toutes les soies entrant dans le royaume, est bien antérieur à l'année 1540. Des lettres patentes de 1483 disent que ce droit remonte au roi Louis XI (Voy., Archives municipales, *Inventaire Chappe*, t. VIII, p. 359). En tout cas, elles prouvent qu'à la fin du XVe siècle les soies étrangères passaient déjà dans cette ville. Au XVIe siècle, ce droit est renouvelé, le 2 mai 1536, par François Ier. (Archives municipales, *Inventaire Chappe*, t. VIII, p. 481.)

Pont-du-Rhône chargées de grains ou de fruits, et de cartelage sur la vente du blé à Lyon (1).

Espérer la suppression ou même une simple réduction de ces divers impôts, eût été une chimère irréalisable. Le consulat le comprenait bien ; aussi se contenta-t-il de poursuivre sa politique financière, inaugurée au XVe siècle, et qui consistait à prendre à ferme tous les droits seigneuriaux ou royaux, afin d'en réunir la perception dans une seule main et de la rendre ainsi moins vexatoire pour la population. Nous le voyons, en 1536, racheter toutes les taxes royales, gabelle, aides, rêve, etc., pour la somme totale de 84,732 livres (2), ce qui n'empêcha nullement de les rétablir plus tard, puisque la ville fut obligée de les affermer de nouveau. En effet, en 1555 le consulat se fait accorder, contre une redevance annuelle de 2,500 livres, le droit de percevoir lui-même la rêve et foraine, qui gênait considérablement le commerce des foires (3) ;

(1) Ce droit se payait à la Grenette. Voy., Archives municipales, *Inventaire Chappe*, t. III, p. 375 et suiv.

(2) Voyez l'acte de vente du 24 décembre 1536. Archives municipales, *Inventaire Chappe*, t. XI, p. 200.

(3) Voyez les lettres patentes données à Amboise,

dès lors, les marchandises venant de Lyon peuvent sortir du royaume en toute franchise, pourvu qu'elles soient accompagnées d'un certificat des échevins de la ville.

En 1558, les conseillers affermèrent également, pour 2,000 livres, le produit de la douane de Lyon (1). Ils tenaient aussi la ferme du cartelage et du coponage, et de cette façon toutes les taxes indirectes se trouvèrent entre leurs mains et vinrent se joindre aux autres droits d'octroi ou de douane que la ville percevait pour son propre compte.

Ceux-ci n'étaient certainement pas les moins importants. Avant d'avoir pris à ferme la douane royale sur les soieries étrangères, le consulat possédait déjà un léger droit sur ces mêmes étoffes (2). Mais sa principale taxe sur les marchandises fut le célèbre impôt des six

mars 1555. Archives municipales, *Inventaire Chappe*, t. VIII, p. 252.

(1) Voyez Levasseur, *Histoire des classes ouvrières*, t. II, p. 274.

(2) Voyez, dans Vital de Valous, *Étienne Turquet*, p. 55, la douane municipale sur les velours et étoffes fabriquées à Gênes, indépendante de la douane du roi.

deniers. En 1548, les conseillers, soumis à la contrainte par corps pour le payement de l'aide des gens de guerre, obtinrent du moins une compensation ; le roi leur permit de lever un droit de six deniers par livre sur toute marchandise entrant dans la ville, en foire ou hors foire. La taxe n'était peut-être pas nouvelle ; il semble qu'ayant existé antérieurement, les réclamations du commerce l'avaient fait abolir (1). En 1548, elle ne s'établit pas d'ailleurs sans de vives protestations ; et il fallut qu'en 1552 le roi eût besoin d'un gros subside (72,000 livres), pour que l'impôt des six deniers devînt définitif (2).

Il se percevait dans l'intérieur de la ville, comme la douane sur les soieries, mais dans un lieu séparé. Toutes les marchandises su-

(1) On trouve une taxe de deux deniers, en 1522 (voy. lettres patentes du 25 mai 1522, Archives municipales, *Inventaire Chappe*, t. XIV, p. 57). Rétabli de nouveau le 21 juin 1533, il fut presque aussitôt aboli (sentence des commissaires royaux du 4 août 1533, Archives municipales, *Inventaire Chappe*, t. II, p. 531.)

(2) Voyez les Remontrances au maréchal Saint-André et les lettres patentes (Reims, 12 mars 1551). Archives municipales, *Inventaire Chappe*, t. II, p. 363 et t. XIV, p. 90.

jettes aux six deniers étaient notées, aux portes, par des gapians, qui prenaient le nom de concierges, et conduites ensuite à la douane de Saint-Paul, où la vérification et le payement avaient lieu. Le personnel se composait d'un receveur ou caissier, aux honoraires de 350 livres ; d'un contrôleur général avec son aide, ayant chacun 200 livres ; d'un troisième contrôleur, à 150 livres ; d'un commis à 120 livres ; enfin, de plusieurs concierges, d'un peseur, d'un visiteur, de deux sergents royaux, de trois gagne-deniers ou hommes de peine (1). L'impôt donnait d'ailleurs un rendement qui lui permettait de supporter aisément ces frais de perception. On assurait que le consulat en tirait 120,000 livres par année (2) ; celui-ci, toujours porté à dissimuler ses ressources, avouait cependant 60,000 livres (3). Tellement, que le roi, trouvant le morceau bon, voulut le garder pour lui. Les conseillers insistèrent, supplièrent, remontrèrent que le produit de cet impôt devait servir à acquitter

(1) Voyez Clerjon, *Histoire de Lyon*, t. V, p. 103.
(2) Qui vaudraient 1 million et demi de nos jours.
(3) Voyez Clerjon, *id.*, t. V, p. 107 et 108.

les dettes que les demandes du fisc avaient fait contracter ; enfin ils achetèrent (1557), par un don de 226,000 livres, le droit de percevoir encore les six deniers pendant huit ans (1). Les finances de la ville furent sauvées, mais le commerce souffrit sensiblement du maintien d'un impôt qui commençait à éloigner des foires de Lyon un grand nombre de marchands étrangers (2).

A côté des taxes sur les marchandises, la ville avait aussi des impôts spéciaux sur les denrées : le pied fourché, qui se levait sur toute bête ayant l'ongle divisé, et dont la ferme rapportait 21,000 livres par an (3); un droit

(1) Contrat passé entre les consuls et les commissaires royaux, le dernier de décembre 1557, et confirmé par lettres patentes royales du 6 janvier 1558. Voyez, Archives municipales, *Inventaire Chappe*, t. II, p. 58, et t. XIV, p. 93.

(2) Voyez les plaintes du commerce dans Clerjon, *Histoire de Lyon*, t. V, p. 109.

(3) Le pied fourché fut établi par les lettres patentes de Saint-Germain-en-Laye, du 19 mai 1543 (voy. Archives municipales, *Inventaire Chappe*, t. XIV, p. 75). Il se percevait comme suit :

Sur chaque bœuf.	25 sols
— vache.	15 —
— veau	7 — 6 deniers.

sur le sel (1) ; un autre sur les épices; un troisième sur la mouture des grains (2) ; enfin, l'entrée du vin qui était, en 1548, de 30 sous par botte pour le vin crû dans le Lyonnais, et de 40 sous pour celui des autres provinces (3). Ce dernier impôt donnait un rendement à peu près équivalent à celui du pied fourché (4).

Pour chaque pourceau. . . . . . . 10 sols.
— chevreau . . . . 1 —

Cette taxe avait été essayée déjà au XVe siècle. (Voyez, lettres patentes des 9 janvier 1426, 9 avril 1431, 4 juillet 1435. Archives municipales, *Inventaire Chappe*, t. XIV, p. 37 et 38.)

(1) D'abord de 2 sols 6 deniers par quarte, en 1525 (lettres patentes, 24 avril) ; il fut réduit à 10 deniers, le 7 juin 1531, et affermé alors pour la somme de 2,300 livres. Archives municipales, *Inventaire Chappe*, t. XIV, p. 45 et suivantes.

(2) 10 deniers par ânée de blé, portée et rapportée au moulin. Archives municipales, *Inventaire Chappe*, t. XIV, p. 61.

(3) Lettres patentes de Saint-Germain-en-Laye, 15 mars 1548 (Archives municipales, *Inventaire Chappe*, t. XIV, p. 99). — Cette taxe se percevait indépendamment des 5 deniers par queue de vin du pays et 10 deniers par queue de vin étranger, imposés au XVe siècle.

(4) Le 30 novembre 1558, il est affermé pour la somme de 16,900 livres (voy., Archives municipales,

On essaya aussi de percevoir une taxe sur les loyers, taxe qui était, en 1551, du tiers de leur valeur (1); en outre, on levait encore de temps à autre la taille municipale (2); mais ces impôts directs deviennent de plus en plus rares, et leur produit paraît insignifiant, comparé aux sommes énormes, 150 ou 200 mille livres peut-être, que rapportaient les octrois et les douanes de Lyon.

Sommes insuffisantes cependant, puisqu'il faut recourir aux emprunts. En 1523, la ville n'avait encore qu'une dette de 20,000 livres contractée, est-il besoin de le répéter, pour satisfaire aux exigences du roi. Mais, après qu'on eut relevé les fortifications, et quand il fallut payer annuellement la solde des gens

Inventaire Chappe, t. XIV, p. 100). — Il est bien entendu que, dans cette énumération, nous ne mentionnons que les impôts principaux, négligeant les taxes secondaires, telles que les 4 livres par balle d'épicerie, les 40 sols par caisse de camelot, etc.

(1) Voyez, lettres patentes des 26 janvier 1550 et 18 juin 1551 (Archives municipales, *Inventaire Chappe*, t. XIV, p. 72 et 73).

(2) En 1546, on lève une taille de 44,000 livres; en 1548, on met encore 22 deniers. Voy. Archives municipales, *Inventaire Chappe*, t. XII, p. 48 et 49.

de guerre, ce chiffre grossit considérablement. En 1541, c'est déjà 107,000 livres, qui exigent 9,244 livres pour le service des intérêts (1). Sept ans après, la dette a doublé (2); elle atteint 206,000 livres, et c'est alors qu'on voit surgir de toutes parts une foule d'impôts nouveaux. Pendant quelques années, les recettes et les dépenses s'équilibrèrent, et même, lorsqu'on eut obtenu l'impôt des six deniers, on put rembourser 130,000 livres, de 1552 à 1556 (3). Efforts inutiles : en 1557, obligé d'acheter la prolongation des six deniers, le consulat émet, au taux exorbitant de 20 % d'intérêt, un nouvel emprunt de 222,000 livres, qui viennent s'ajouter aux 80,000 restant encore à payer (4).

(1) Voyez Clerjon, *Histoire de Lyon*, t. IV, p. 427 et 428. — La plus grosse part de cette dette provenait de l'emprunt fait en 1536, au denier douze (8 1/2 %), pour le rachat des gabelles (voyez, plus haut, p. 214). De ce chef, on avait constitué une rente perpétuelle de 7,061 livres que la ville dut payer jusqu'en 1604, où les gabelles furent rétablies. Voyez, Archives municipales, *Inventaire Chappe*, t. XI, p. 288.

(2) Voyez Clerjon, *Histoire de Lyon*, t. V, p. 36.

(3) Clerjon, *id.*, t. V, p. 101 et 108.

(4) Voyez Clerjon, *Histoire de Lyon*, t. V, p. 112 et 113.

C'est donc en vain que le consulat essaierait de s'arrêter sur cette pente funeste ; il est invinciblement attiré vers l'emprunt, moyen rapide et relativement facile de trouver immédiatement l'argent réclamé par le trésor royal. L'impôt présentait de tout autres difficultés ; chaque fois on se heurtait à des demandes d'exemptions, qui en diminuaient le produit. Les nobles et le clergé refusaient de payer l'entrée sur le vin de leur crû; les marchands étrangers, rappelant leurs anciens privilèges, se prétendaient exempts de la taxe des six deniers, et on fut obligé de reconnaître cette exemption à la *nation* allemande (1). Enfin, les ouvriers des fabriques nouvelles sont, pour la plupart, affranchis de toutes charges. Chacun s'efforce de rejeter le fardeau sur ses voisins; aussi les impôts qui comportent le moins d'exemptions, tels que la douane, sont-ils destinés, avec l'emprunt, à constituer dans l'avenir la principale et presque la seule ressource de la ville.

La responsabilité de cette situation dange-

(1) En 1569. Voy. Monfalcon, *Histoire monumentale de Lyon*, t. II, p. 339.

reuse remonte surtout à la royauté, et nous verrons dans la suite qu'elle ne s'occupa jamais beaucoup d'y apporter remède. Pour le moment, elle s'efforce de rendre son autorité à Lyon de plus en plus directe, sans doute afin de pouvoir plus commodément y lever des subsides. En 1547 a lieu une première tentative pour remplacer les douze conseillers par un nouveau corps de ville, composé de quatre échevins et d'un prévôt des marchands; organisation qui existait à Paris et qu'on voulait étendre à toute la France (1). Les notables réclamèrent (2), et on dut ajourner cette réforme administrative, qui sera reprise par Henri IV, cinquante ans plus tard.

Mais une importante réforme judiciaire avait été accomplie dès 1551. La sénéchaussée de Lyon s'était transformée en présidial, avec l'adjonction de huit nouveaux conseillers (3). Ce pouvoir, ainsi rajeuni, se mon-

(1) Voyez, Édit de Saint-Germain-en-Laye, Archives municipales, *Inventaire Chappe*, t. II, p. 357.

(2) Assemblée des notables du 2 novembre 1547. Archives municipales, *Inventaire Chappe*, t. II, p. 358.

(3) Lettres patentes du 15 mars 1551. Voyez, Archi-

trera bientôt d'humeur envahissante, et nous ne tarderons pas à relater ses nombreux conflits avec le consulat.

Les malheureux conseillers vont avoir à se défendre de plus d'un côté; dans la même année fut institué un nouvel office : l'intendant, chargé des finances royales dans toute la généralité de Lyon (1). Ce sera, pour le consulat, un surveillant incommode, comme autrefois le gardiateur pour l'archevêque, et dont les attributions, d'abord purement financières, s'étendront dans le domaine administratif au détriment des échevins.

Un demi-siècle à peine s'est écoulé depuis que l'oligarchie bourgeoise a définitivement triomphé des classes populaires, et déjà branle dans sa main ce pouvoir si péniblement conquis. Malgré tous leurs efforts, malgré les soins constants qu'ils ont apportés à l'administration de la ville, au maintien de

ves municipales, *Inventaire Chappe*, t. XX, p. 15. — Ces huit nouveaux conseillers étaient désignés par le consulat, qui devait aussi pourvoir à leurs gages, montant à 1,600 livres. Archives municipales, *Inventaire Chappe*, t. XX, p. 15.

(1) Péricaud, *Notes et documents* (1551).

ses privilèges, à la prospérité de son commerce, au développement de ses institutions municipales, les conseillers-échevins n'ont réussi qu'à créer un édifice brillant en apparence, mais déjà miné et qui ne pourra résister à la tempête. Deux ennemis le rongent : l'impôt et le roi. Vienne une période d'agitations et de troubles, comme celles qu'amèneront les querelles religieuses, et tout ce dont l'aristocratie lyonnaise se montre justement fière, son commerce et ses industries florissantes, ses antiques libertés, son consulat lui-même, plusieurs fois centenaire, tout cela disparaîtra, emporté par la tourmente, et ira se perdre dans la centralisation d'une monarchie absolue.

Chapitre XI

—

LES GUERRES DE RELIGION

—

Sommaire : Huguenots et Catholiques se disputent le Consulat. — Nomination par le roi. — La citadelle. — Politique royale. — Vente de la justice de l'Archevêque. — Le bureau de police. — Divisions intestines. — Prétentions des penons. — Querelles de préséance. — Usurpations de la royauté. — Suppression des six deniers. — La banqueroute. — Augmentation des entrées et de la dette. — Les pauvres. — Le rectorat de l'Hôtel-Dieu. — Les Commissaires de santé. — Les Jésuites au Collège. — Liberté des métiers.

En 1562, les bandes huguenotes, aidées par les adhérents que la religion réformée possédait dans la ville, s'emparèrent de Lyon. Ainsi s'ouvrit la période des guerres de religion qui, pendant trente ans, ont mis cette cité commerçante entre les mains des soldats.

Les protestants, durant leur domination passagère, commencèrent les premiers à installer un gouvernement militaire, et à enfreindre l'ancienne constitution du consulat. C'est un précédent dont s'autorisèrent les catholiques et la couronne lorsqu'ils rentrèrent dans la ville, après la paix d'Amboise.

Ayant déposé momentanément les armes, les deux partis n'en restèrent pas moins hostiles, et ils se disputèrent avec acharnement l'administration consulaire. Les catholiques voulaient tout ; les protestants, plus modestes parce qu'ils étaient en minorité, se contentaient de réclamer la moitié des sièges de conseillers. C'était fournir au pouvoir royal un trop facile prétexte ; pendant plusieurs années, s'autorisant de l'irritation des esprits, le roi nomma lui-même les échevins, afin d'assurer, disait-il, une part légitime aux deux religions ennemies (1). Sous couleur de pacification fut ainsi commise la première usurpation des droits de la ville par la royauté.

La guerre civile faillit aussi nous faire perdre, dès ce moment, le droit de garde et le privilège d'être exempt de garnison. Pour se garantir contre les attaques des protestants,

(1) Voyez Clerjon, *Histoire de Lyon*, t. V, p. 204, 207 et 208. Voyez aussi, Archives municipales, *Inventaire Chappe*, t. X, p. 64, les lettres patentes du 1er février 1565.

les officiers du roi Charles IX imaginèrent de s'emparer de la garde des portes, et même de faire construire, sur le sommet de la colline Saint-Sébastien, une citadelle où ils mirent une garnison de 400 hommes (1). Pour ce coup, c'était aller un peu trop vite en besogne; la citadelle parut un signe formel de servitude auquel les bourgeois ne se résignèrent point; vingt ans plus tard (1585), à la faveur des troubles de la Ligue, ils se ruèrent sur cette forteresse détestée et s'en emparèrent (2). Henri III, qui avait alors bien d'autres soucis en tête, fut trop heureux de leur vendre le droit de la démolir, au prix de 40,000 écus (3).

Toutes les fois que l'autorité royale se trouve en des mains un peu fermes, nous la voyons poursuivre patiemment son œuvre de centralisation. A cet égard, quoiqu'ils aient des maximes différentes sur d'autres points, Catherine de Médicis, le chancelier de l'Hôpital, les politiques, sont tous des précurseurs

(1) Voyez Clerjon, *Histoire de Lyon*, t. V, p. 202.

(2) Clerjon, *id.*, t. V, p. 292.

(3) Contrat du 30 mai 1585. Voyez, Archives municipales, *Inventaire Chappe*, t. IV. p. 356.

d'Henri IV, et les continuateurs de François Ier et d'Henri II. Tous, ils tendent à rendre l'administration uniforme, en supprimant les vieux privilèges locaux. La juridiction de l'archevêque, à Lyon, était un de ces restes des temps passés, qui ne s'accordaient plus avec les nouvelles maximes de la royauté; elle disparut aussi. Déjà elle avait été confisquée par François Ier, en payement de certains décimes que l'Église tardait à acquitter; Henri II la rétablit (1548), dans un moment de réaction catholique (1); mais la même difficulté s'étant représentée, en 1563, au sujet de nouvelles taxes, Charles IX, c'est-à-dire Catherine de Médicis et son chancelier l'Hôpital, saisirent définitivement la juridiction, la firent mettre en criée et adjuger pour 30,000 livres (2).

L'héritage judiciaire de l'archevêque se partagea entre le présidial et le consulat. Ce der-

(1) Voyez, Poullin de Lumina, *Histoire de l'Église de Lyon*, p. 375.

(2) Poullin de Lumina, *id.*, p. 381; Bonassieux, *La réunion de Lyon à la France*, p. 206; Péricaud, *Notes et documents* (1563).

nier, malgré les efforts de son concurrent (1), obtint pour sa part dans les dépouilles, le droit de juger les délits de police (2). Pour cela, il nommait un bureau composé de six juges : un conseiller au présidial, un autre officier royal gradué, un ex-conseiller et trois bourgeois. Le bureau siégeait le mercredi et le samedi de chaque semaine ; il jugeait gratuitement. Il avait sous ses ordres quatorze bourgeois, commissaires de quartier, choisis tous les six mois par le consulat. Cette institution dura ; ce fut ainsi une nouvelle conquête de l'administration municipale, d'autant plus remarquable qu'à cette époque elles deviennent plus rares.

En effet, les circonstances ne se prêtent guère à l'extension de l'autorité consulaire. Les échevins ont assez à faire de résoudre les difficultés intestines qui surgissent à chaque instant. Depuis que la haute bourgeoisie, sur laquelle ils s'appuient, n'a plus à lutter contre

(1) Voyez les lettres patentes du 27 octobre 1565 et l'arrêt du Parlement du 23 mai 1569. Archives municipales, *Inventaire Chappe*, t. V, p. 87 et 88.

(2) Édit d'Amboise, janvier 1572. Archives municipales, *Inventaire Chappe*, t. V, p. 89.

les artisans, elle est elle-même divisée par des coteries et des brigues. Nous avons déjà vu que le présidial est l'ennemi du consulat ; d'un autre côté, les capitaines-penons lui portent également ombrage.

Cette milice a été réglementée de nouveau, en 1579, par une ordonnance consulaire (1). Elle se compose d'une compagnie d'élite, celle des arquebusiers ; les archers et les arbalétriers ayant été dissous comme suspects de complaisance aux huguenots. Le capitaine de la ville, désigné par le consulat, est leur chef. Quant aux penons, dans chaque quartier commande un capitaine, avec deux quarteniers, le lieutenant et l'enseigne, sous ses ordres. Les escouades ont des *dizeniers* à leur tête. Le mode de nomination de ces officiers était mixte ; le consulat les choisissait, mais sur la présentation de leurs quartiers, de sorte qu'ils avaient un peu de cette investiture populaire qui manquait si complètement aux échevins et au capitaine de la ville (2).

(1) Voyez, Archives municipales, *Inventaire Chappe*, t. IV, p. 175.

(2) Voyez Clerjon, *Histoire de Lyon*, t. VI, p. 43.

Ce fut peut-être ce qui porta les capitaines-penons à s'exagérer leur importance ; on avait d'ailleurs constamment besoin de leurs services dans ce temps des guerres de la Ligue. Ils voulurent prendre part à la direction des affaires ; ils tinrent quelques assemblées pour délibérer sur les événements. Le consulat s'effraya aussitôt de ce pouvoir naissant, dans lequel son esprit soupçonneux voyait un rival futur, et il interdit expressément aux officiers de la milice de faire des réunions communes (1).

Mais il souffle un tel vent de division que l'accord ne parvient même pas à régner dans les séances du consulat. On s'y querelle pour de puérils motifs de préséance et de présidence, fonction tout honorifique cependant et qui ne paraît comporter aucun avantage bien déterminé (2). Le conseiller le plus ancien et le conseiller le plus qualifié, c'est-à-dire le plus riche ou le plus noble, se disputent cette présidence du consulat ; nous verrons bientôt

(1) Voyez Clerjon, *Histoire de Lyon*, t. V, p. 313 et 314.

(2) Voyez, Archives municipales, *Inventaire Chappe*, t. X, p. 165.

comment Henri IV sut trancher leur différend, en grugeant l'huître pour ne laisser que l'écaille aux plaideurs.

Divisé au dedans, menacé au dehors, le pouvoir consulaire approche visiblement de sa fin ; mais il se désagrège et s'en va surtout par ses finances. A vrai dire, elles ne lui appartiennent plus ; le roi en dispose à son gré. En 1560, il accorde à un financier italien une rente de 33,000 livres à prélever sur le produit des six deniers (1). L'année suivante, les six deniers eux-mêmes sont unis aux droits de douane et le tout confisqué au profit de la couronne (2). En un mot, la ville est arbitrairement dépouillée de ses principales taxes, de ses fermes les plus productives, et, en échange, on ne lui reconnaît qu'une simple assignation de 45,000 livres, à prendre sur les revenus de la douane (3) ; c'est-à-dire une portion minime

(1) Voyez, Archives municipales, *Inventaire Chappe*, t. XIV, p. 95.

(2) *Id.*, t. XIV, p. 95.

(3) Somme dérisoire en comparaison du rendement de la douane, que le roi donne à bail à un partisan, pour 190,000 livres en 1564, et 330,000 livres en 1570. Voyez, Archives municipales, *Inventaire Chappe*, t. VIII, p. 362.

de ce qu'on lui enlevait. Pour achever sa ruine, en 1561, on tue son crédit en décrétant la banqueroute : les derniers emprunts, contractés à 20 o/o d'intérêt, furent brusquement ramenés, par la toute-puissante volonté royale, au denier douze (1).

A mesure que les ressources disparaissent, les charges se multiplient. Mêlée aux guerres civiles, la ville est obligée de payer des soldats ; Lyon est la caisse où vient puiser la Ligue (2). En 1593, il fallut dépenser, pour soutenir la cause catholique, 80,000 écus dans une seule année (3). Pour trouver de l'argent, c'est en vain qu'on augmente, au delà de toute raison, les quelques impôts dont le roi ne s'est pas encore emparé ; en 1586, on lève une nou-

(1) Voyez Clerjon, *Histoire de Lyon*, t. VI, p. 11.

(2) Lyon se jeta avec emportement dans le parti de la Ligue. Augustin Thierry en donne peut-être la meilleure explication, en disant : « Les villes de liberté « municipale, qui se sentaient tomber sous le niveau « de l'administration, saisirent avidement l'espérance « de regagner leurs franchises perdues, et de rétablir « leurs constitutions mutilées. Elles s'enrôlèrent à « l'envi dans la Ligue. » *Histoire du Tiers-État*, p. 110.

(3) Lettre du consulat au duc de Mayenne, du 20 septembre 1593.

velle taxe sur la viande (1) ; en 1570, on ajoute 30 sols par botte à l'entrée sur le vin, et en 1589, encore 20 sols (2). On frappe les loyers (3). On essaye de recourir à la taille, qu'on veut percevoir tous les mois (4) ; mais le recouvrement en devient impossible. En fin de compte, il n'y a plus qu'un moyen efficace, et c'est toujours l'emprunt.

Les deux partis rivalisent d'ardeur pour grossir la dette de la ville. En 1562, les protestants empruntèrent 40,000 livres, dette que les catholiques vainqueurs refusèrent de reconnaître (5). D'autant mieux qu'ils ne peu-

(1) Trois deniers par livre. Voy. lettres patentes du 15 novembre 1586. Archives municipales, *Inventaire Chappe*, t. XIV, p. 109.

(2) Lettres patentes du 28 janvier 1570. Voy., Archives municipales, *Inventaire Chappe*, t. XIV, p. 79. — Péricaud dit que l'entrée du vin s'éleva alors à deux écus par botte. *Notes et documents* (1589).

(3) Charles IX, par lettres patentes du 7 novembre 1565, autorisa le consulat à percevoir une taxe d'un cinquième sur les loyers, moitié sur le propriétaire et moitié sur le locataire. Voyez, Archives municipales, *Inventaire Chappe*, t. V, p. 7. — Cette taxe produisit, en 1567, 35,000 livres, *id.*, t. XII, p. 60.

(4) Voyez Clerjon, *Histoire de Lyon*, t. V, p. 352.

(5) Voyez les pièces concernant cette contestation,

vent arriver à payer les leurs propres. En 1586, ils empruntent déjà 100,000 écus (1); et en 1589, la ville ne doit pas moins de 250,000 écus, qui vaudraient cinq millions aujourd'hui (2).

Et, ce qui porte le poids si lourd de cette dette, ce n'est plus la grosse cité de 1548, riche par ses industries et d'où la population débordait. La guerre d'abord, puis une terrible épidémie, en 1577, qui moissonna, dit-on, 60,000 habitants, ont réduit Lyon des deux tiers (3). S'il y reste 30,000 âmes, c'est bien tout.

Ces 30,000 habitants sont pauvres et sans industrie. Les troubles et les impôts ont fait fuir les foires; elles ont émigré à Chalon (4). L'imprimerie est allée à Genève, conduite par

Archives municipales, *Inventaire Chappe*, t. XII, p. 555.

(1) Voyez Clerjon, *Histoire de Lyon*, t. V, p. 303.

(2) Péricaud, *Notes et documents* (1589).

(3) Voyez Monfalcon, *Histoire monumentale de Lyon*, t. II, p. 30.

(4) Voyez Clerjon, *Histoire de Lyon*, t. V, p. 192. Elles revinrent plus tard, il est vrai, mais faibles et sans aucune comparaison possible avec les brillantes foires du XVIe siècle.

plusieurs milliers d'artisans huguenots que la persécution religieuse a chassés de notre ville; les soieries et les draps de laine ont, en partie, suivi l'imprimerie (1).

La mendicité a remplacé le travail. L'Aumône plie sous une charge écrasante; en dehors des hôpitaux, il lui faut nourrir trois ou quatre mille pauvres, soit plus du dixième de la population totale (2). Sa caisse est épuisée; la ruine générale a ralenti les dons; chaque recteur, entrant en fonction, est obligé de faire une avance de 100 livres, qui lui sera remboursée par son successeur (3). Quant au trésorier, il supporte tout le reste du déficit.

Les hôpitaux ont aussi une lourde besogne. En 1586, ils renferment 1,200 malades atteints de la syphilis, la contagion régnante (4). Leur administration devient tellement importante que le consulat doit renoncer à la joindre plus longtemps à ses autres occupations. En 1583, il s'en dessaisit en faveur d'un rectorat, com-

(1) Voyez Clerjon, *Histoire de Lyon*, t. V, p. 135 et 242.

(2) Péricaud, *Notes et documents* (1581).

(3) Voyez Clerjon, *Histoire de Lyon*, t. IV, p. 368.

(4) *Id.*, t. V, p. 303.

posé de six personnes dont il se réserve la nomination. Les recteurs demeurent deux années en charge ; la moitié du rectorat est renouvelée chaque année, à la Saint-Thomas (1).

A peu près à la même époque, en 1581, le consulat a établi des commissaires de santé, pour veiller à l'hygiène, à la propreté et à la salubrité de la ville (2). Ils sont au nombre de dix : un ex-consul, deux magistrats, un médecin, et six bourgeois ou marchands. Ils viennent ainsi en aide au *voyer*, officier déjà institué pour la police des rues (3).

(1) Voyez l'acte qui institua le rectorat de l'Hôtel-Dieu (Archives municipales, *Inventaire Chappe*, t. XIX, p. 536). — Le consulat ne se réserve pas seulement la nomination des recteurs, mais aussi la surveillance de leur gestion, la direction réelle de l'œuvre. Les recteurs doivent lui rendre compte de leur administration. Ici, bien moins encore que pour l'Aumône et la Charité, il ne peut y avoir doute ni contestation sur les droits de la ville. Elle est propriétaire de l'Hôtel-Dieu ; cela est, d'ailleurs, formellement reconnu dans un arrêt du Conseil d'État du 7 octobre 1645. Voyez, Archives municipales, *Inventaire Chappe*, t. XIX, p. 555.

(2) Voy. Archives municipales, *Inventaire Chappe*, t. V, p. 8.

(3) *Id.*, t. XXI, p. 132 et suivantes.

Les administrateurs municipaux redoublent donc de zèle et d'activité dans ces temps malheureux. Malgré l'ardeur de leurs passions religieuses, et au milieu des troubles de la guerre civile, ils ne cessent d'apporter des soins attentifs aux besoins de la cité. En 1580, ils font construire un grenier commun, pour renfermer leurs approvisionnements de blé (1); l'*Abondance*, une caisse spéciale, formée pour ces achats, fonctionne régulièrement. Lors de leur domination, en 1562, les protestants ont commencé des travaux d'édilité et de voirie, qu'on continue après eux; on en tire, d'ailleurs, un certain profit, car, en élargissant les rues, on frappe d'un impôt les propriétés voisines qui vont bénéficier de la plus-value (2). Parmi les utiles créations entreprises alors, il faut citer aussi la boucherie de l'Hôtel-Dieu (3).

(1) Délibération consulaire du 7 janvier 1580. Voy., Archives municipales, *Inventaire Chappe*, t. IV, p. 443.

(2) Archives municipales, *Inventaire Chappe*, t. V, p. 406.

(3) Voyez Monfalcon, *Histoire monumentale de Lyon*, t. I, p. 372. — C'est aussi à cette époque que les villes de Saint-Just et de Saint-Irénée furent unies à Lyon. Voyez les lettres patentes du 18 septem-

Le collège de la Trinité, fondé à l'époque de la Renaissance, ne périt pas non plus pendant la Réforme. Il subit une transformation cependant; en 1567, un consulat catholique le remet aux pères jésuites, qui se chargèrent de l'enseignement moyennant une subvention totale de 800 livres par année (1).

Mais où l'administration consulaire mérite vraiment des éloges, en se montrant bien supérieure aux préjugés de son temps, c'est lorsqu'elle résiste à toutes les tentatives de la royauté pour établir à Lyon le régime des jurandes. L'exercice des métiers s'était conservé libre dans notre ville ; chacun pouvait y venir travailler, sans avoir besoin d'acheter de privilège, pourvu qu'il se soumît à la surveillance des maîtres-gardes. Sa prospérité passée tenait à cela, et l'industrie y renaîtra plus tard grâce à la liberté. Il fallut la défendre contre une ordonnance royale, qui prétendait organiser, dans toute la France, les mé-

bre 1585. Archives municipales, *Inventaire Chappe*, t. III, p. 202.

(1) Acte passé, le 14 septembre 1567, entre le consulat et le père Auger, principal des jésuites. Archives municipales, *Inventaire Chappe*, t. XX, p. 192.

tiers en jurandes (1); au fond, il ne s'agissait que de l'intérêt du fisc, qui pensait toucher d'importants droits de maîtrises (2). L'opinion lyonnaise fut unanime; maîtres et artisans menacèrent de s'exiler si on voulait les contraindre. En 1584, la royauté céda et reconnut formellement qu'à Lyon le travail était libre (3).

Selon Rubys, trois métiers seulement y étaient jurés: les orfèvres, les barbiers, les serruriers (4). La grande fabrique de la soierie était régie, depuis 1551, par des règlements, mais qui n'empêchaient point la liberté de travailler. Pourtant, dans son organisation, une transformation se prépare peu à peu, qui sera grosse d'orages futurs. L'industrie de la soie se compose alors de maîtres-ouvriers et d'artisans tissant les étoffes, et aussi de quelques marchands, uniquement adonnés aux

(1) Édit de décembre 1581. Archives municipales, *Inventaire Chappe*, t. VI, p. 49.

(2) De 10 à 30 écus. Levasseur, *Histoire des classes ouvrières*, t. II, p. 124.

(3) Voyez Péricaud, *Notes et documents* (1584), et Clerjon, *Histoire de Lyon*. t. VI, p. 96 et suivantes.

(4) Voyez Monfalcon, *Histoire monumentale de Lyon*, t. IX, p. 4.

opérations commerciales, qui fournissent parfois les matières premières aux maîtres trop pauvres pour se les procurer à leurs frais. Dans ce cas, ceux-ci ne sont plus que des entrepreneurs à façon, sous les ordres d'un négociant; c'est, en germe, la fabrique lyonnaise d'aujourd'hui. Déjà, en 1596, le rôle de ces marchands est devenu assez important pour que quelques-uns d'entre eux puissent se glorifier de commander à mille ouvriers(1).

Ces capitalistes aspirent naturellement à diriger l'industrie. Mais ils sont exclus de la corporation, où n'entrent alors que les travailleurs, maîtres ou artisans, et ils ne participent pas à ses privilèges. Leur première ambition sera donc de forcer les portes du métier et de s'y faire admettre, sous le nom de marchands-ouvriers; et, une fois dans la place, ils sauront bien user de leur influence pour devenir maîtres-gardes, et renouveler les règlements au gré de leurs intérêts. C'est ainsi qu'autrefois, dans les républiques italiennes, les nobles essayèrent de reprendre le pouvoir en sollicitant d'abord la faveur de descendre au rang de simples citoyens !

(1) Voyez Clerjon, *Histoire de Lyon*, t. VI, p. 214.

Les marchands lyonnais virent leurs prétentions complètement repoussées en 1576 ; ils les reprendront plus tard, pour aboutir, et alors l'industrie lyonnaise sera à la merci d'une oligarchie capitaliste comme l'administration municipale a été, depuis deux cents ans, à la merci de l'oligarchie consulaire. Mais le moment est venu où cette dernière va perdre la réalité du pouvoir, pour n'en plus conserver que l'apparence et l'ombre ; les conseillers de la ville ne seront plus désormais que les très-humbles créatures du roi ou du gouverneur, son représentant.

CHAPITRE XII

LE RÉGIME PRÉVOTAL

SOMMAIRE : Réorganisation du Consulat. — Le prévôt des marchands et les échevins. — Conditions d'éligibilité. — Asservissement au roi et au gouverneur. — La famille de Villeroi. — Rivalité du présidial et du Consulat. — Acquisition du tribunal des foires ; l'étendue de cette juridiction. — Préoccupations financières. — Réforme de Sully ; deuxième banqueroute. — Le Tiers-Surtaux. — L'Octroi du vin. — Le quarantième. — Les aides royales. — Emprunts en viagers. — Le deux pour cent. — La Réforme de 1677 et son impuissance. — Renaissance de l'industrie. — Les Règlements de Colbert. — La Révocation ; nouvelle décadence. — La Charité. — Chambre d'Abondance. — Le chômage et les crises. — Construction de l'Hôtel-de-Ville. — Établissement des petites écoles. — La royauté conduit à la ruine.

La soumission du royaume de France au Béarnais fut véritablement la victoire des politiques et du parti de l'unité monarchique, sur les deux partis extrêmes, noblesse ou démagogie, protestants ou ligueurs, qui tour à tour avaient défendu l'idée de l'indépendance provinciale et communale. Lyon s'aperçut bien vite qu'Henri IV serait un maître absolu, et que ce gouvernement réparateur, ne comprenant l'ordre que dans l'uniformité, allait déclarer la guerre à toute liberté locale. Un an à peine s'était écoulé depuis « la réduction de la ville sous l'obéissance du roi », que déjà elle avait reçu une garnison de 600 soldats suisses (1) ; que le gouverneur s'était emparé des clés et du droit de garde (2) ; et qu'enfin l'antique constitution consulaire avait vécu, remplacée par une nouvelle administration complètement étrangère aux traditions lyonnaises (3).

Henri IV réalisa, en 1595, ce qu'Henri II avait seulement tenté en 1547 : l'organisation du corps de ville sur le modèle de l'échevinage parisien. Au lieu des douze conseillers, il y eut un prévôt des marchands et quatre échevins, nominalement élus dans les mêmes formes qu'auparavant, pour deux ans, les échevins renouvelables par moitié toutes les

(1) Édit de Saint-Germain-en-Laye, mai 1594. Voy., Archives municipales, *Inventaire Chappe*, t. I, p. 129.

(2) Ordonnance du 22 septembre 1595. Archives municipales, *Inventaire Chappe*, t. I, p. 98.

(3) Édit de Chauny, décembre 1595. Archives municipales, *Inventaire Chappe*, t. II, p. 446.

années; le prévôt et les échevins sortants représentaient les terriers dans l'assemblée des maîtres-gardes (1). Les officiers inamovibles, le procureur, le clerc-secrétaire, le receveur ou trésorier furent conservés; mais tandis qu'ils étaient nommés autrefois par le consulat tout entier, le prévôt des marchands seul, avec l'approbation du gouverneur, eut désormais le droit de les choisir. En 1625, le trésorier ne fut plus nommé que pour trois années et non rééligible (2); à dater de 1626, on lui imposa l'obligation de fournir annuellement un inventaire de ses comptes au trésorier de la généralité de Lyon (3). D'ailleurs, ni le trésorier, ni le prévôt, ni les échevins n'étaient plus rendus personnellement respon-

(1) Voyez, Vital de Valous, *Les Terriers*, p. 11.

(2) Arrêt du Conseil d'État, du 27 juillet 1625. Archives municipales, *Inventaire Chappe*, t. II, p. 469. Voyez aussi *Actes consulaires*, BB, 167. — Déjà, en 1599, la charge de trésorier ne fut donnée que pour trois ans. Archives municipales, *Inventaire Chappe*, t. XXI, p. 92.

(3) Monfalcon, *Histoire monumentale de Lyon*, t. VI, p. 246. — Le consulat ne se soumit pas à cette condition sans résistance et sans contestations. Voy., Archives municipales, *Inventaire Chappe*, t. XX, p. 90.

sables des engagements qu'ils contractaient régulièrement au nom de la ville (1).

L'administration municipale se compléta par un avocat, agent de la ville à la cour, où se décideront en réalité toutes choses; un solliciteur de la ville à Lyon; un voyer, dont nous avons parlé déjà; un fourrier pour la police des marchands forains; enfin, des mandeurs, sorte de licteurs du prévôt et des échevins (2).

En 1603, une querelle entre les natifs et les autres habitants fit déterminer explicitement les conditions d'éligibilité aux magistratures municipales. Le prévôt ne pouvait être qu'un natif; quant aux échevins, il leur suffisait de résider à Lyon depuis douze ans, et de posséder, dans la ville ou dans la province, des biens immeubles d'une valeur de 10,000 livres (3).

(1) Édit de Chauny. Voir, plus haut, p. 246.

(2) Voyez Monfalcon, *Histoire monumentale de Lyon*, t. I, p. 338.

(3) Lettres patentes du 19 février 1603. Voyez, Archives municipales, *Inventaire Chappe*, t. X, p. 87. — L'arrêt du Parlement, du 24 mai suivant, porta à douze années le temps de la résidence, que les lettres patentes fixaient seulement à dix années.

Cette constitution achève ainsi d'écarter du consulat, non-seulement les classes inférieures, mais encore toute la moyenne bourgeoisie. La presque totalité de la population devient absolument étrangère aux affaires de la ville. Les assemblées de notables, que les conseillers réunissaient jadis pour donner un avis sur les questions importantes, tombent aussi en désuétude. Le prévôt et les échevins délibèrent seuls sur toute chose, mais ils ne se permettent guère de prendre une décision sans avoir obtenu, au préalable, l'agrément du gouverneur.

Au surplus, c'est le gouverneur qui nomme presque toujours le prévôt, et fort souvent les échevins par surcroît. Le droit d'élection n'a pas été formellement aboli, il est vrai, mais l'exercice en est devenu tout à fait illusoire. Comme par le passé, les candidats sont proposés par les terriers à l'assemblée des maîtres-gardes, mais les terriers ne proposent que les noms auparavant désignés par le représentant du roi. S'il en était autrement, si par hasard quelque velléité d'indépendance osait se manifester, aussitôt le roi annulerait la nomination et choisirait ouvertement le prévôt et les échevins par lettres patentes. On trouve des lettres semblables dans les années 1601, 1603, 1605, 1615, 1618, 1629, 1631, 1643 (1) ; plus tard, cela devient inutile, toute résistance a cessé. D'ailleurs, la cour ne s'occupe guère des affaires lyonnaises ; les Villeroi, gouverneurs héréditaires pendant deux siècles, administrent d'une façon quasi souveraine la ville et la province (2).

Tout cela ne s'accomplit pas sans quelques réclamations, qui paraissent venir du présidial et de la moyenne bourgeoisie évincée. Nous voyons, au début du XVIIe siècle, les magistrats judiciaires et les marchands reprendre en quelque sorte le rôle joué par les artisans cent ans auparavant ; l'oligarchie de la robe ou du comptoir veut résister aux envahissements de la monarchie, comme autrefois la démocratie résistait aux siens. Ce sont les mêmes plaintes sur la gestion financière ;

(1) Voyez, Archives municipales, *Inventaire Chappe*, t. X, p. 66, 71, 72, 75. — Voyez aussi Monfalcon, *Histoire monumentale*, t. II, p. 302 et 303 ; et Clerjon, *Histoire de Lyon*, t. VI, p. 48 à 53.

(2) Voyez Monfalcon, *Histoire monumentale*, t. II, p. 214 et suivantes.

on dénonce les mêmes prévarications et les mêmes abus ; on demande encore le retour à la constitution antérieure, qui cette fois n'est plus la constitution du XIVe siècle, mais seulement celle d'avant 1595. La lutte dura, fort vive, de 1617 à 1624 ; les deux partis, gouvernemental et opposant, se disputèrent les élections chaque année (1). En 1625, on arriva à se séparer : deux consulats hostiles, de deux membres chacun, siégèrent concurremment, jusqu'à ce que l'autorité royale eût rétabli une administration régulière et unique (2).

Le présidial surtout était le principal adversaire des échevins ; à chaque instant, les attributions de ces deux corps rivaux se mêlent, se contrarient, dans le domaine administratif et dans le domaine judiciaire, et provoquent de nouveaux conflits. Très visiblement, le roi penche vers les échevins, dont la cause est un peu la sienne, et qui, sans doute, montrent plus de docilité que ces officiers de

(1) Lire l'histoire de cette lutte dans Clerjon, *Histoire de Lyon*, t. VI, p. 113 à 126.

(2) Voyez, Archives municipales, *Inventaire Chappe*, t. X, p. 68 et 69.

justice, parlementaires au petit-pied, qui veulent s'ériger, à Lyon comme dans toute la France, en mentors du pouvoir politique.

En 1633, la confirmation du droit de nommer les juges du bureau de police et le maintien de cette importante institution furent une première victoire pour le consulat (1). Mais bientôt il en obtint une autre qui lui tenait bien plus au cœur : on lui accorda la juridiction des foires.

Ce fut une grosse conquête, et qui demanda plus d'un jour. Le consulat profita habilement des besoins financiers de la monarchie, et particulièrement de sa déplorable habitude de vendre les offices. En 1654, il acheta, sous le nom de trois échevins et pour la somme de 200,000 livres, les trois offices de juge-conservateur, de lieutenant du juge et de greffier au tribunal des foires (2) ; et l'année suivante, il obtint de joindre purement et simplement la juridiction des foires aux attributions du

(1) Arrêt du Conseil d'État, 20 juin 1633. Voy., Archives municipales, *Inventaire Chappe*, t. V, p. 95.

(2) Voyez, Archives municipales, *Actes consulaires*, BB, 208, p. 71.

corps de ville (1). Le tribunal réorganisé se composa dès lors du prévôt, de quatre échevins et de six autres juges, — trois du côté de Fourvière et trois du côté de Saint-Nizier, — dont deux seulement restaient à la nomination de la couronne (2). Le procureur du roi et l'ancien greffier furent remplacés (1670) par le procureur et le secrétaire de la commune, et le tribunal des foires ne se distingua plus du consulat (3).

Or, voici ce qu'était cette juridiction qui passa ainsi dans la main des administrateurs municipaux. Elle s'étendait à toutes les dettes, à toutes les contestations, à tous les délits commis à propos des foires de Lyon, quelle que fût la qualité des parties ou la nationalité du délinquant (4). Le tribunal des foires récla-

(1) Édit donné à Paris, mai 1655. Voy. Archives municipales, *Inventaire Chappe*, t. IX, p. 40.

(2) Voy. Archives municipales *Actes consulaires*, BB, 210, p. 423.

(3) Voy. *Inventaire Chappe*, t. I, p. 110, et t. XXI, p. 177 et 178.

(4) Voyez, dans le *Recueil des privilèges des foires* (Guillaume Barbier, 1649), p. 382, les lettres patentes du 2 décembre 1602, concernant la juridiction du juge-conservateur.

mait ses justiciables par toute l'Europe, et il y a des exemples de prisonniers arrêtés par ses ordres, en Angleterre, dans les pays barbaresques, etc. (1). Il avait le droit d'infliger des peines pécuniaires et corporelles ; il prononçait même la peine capitale. Il pouvait faire exécuter ses décisions et saisies dans toute la France, et nonobstant appel (2). D'ailleurs, il jugeait en dernier ressort jusqu'à la somme de 500 livres, et au delà, les appels, quel que fût le domicile de l'appelant, devaient être portés au Parlement de Paris (3). Ce fut donc une acquisition précieuse que celle de la juridiction des foires ; et, lorsque la royauté la mit à l'enchère, il y aurait certainement eu péril pour le commerce à ce qu'elle fût achetée par d'autres que le consulat.

Mais les faits administratifs les plus importants, la réorganisation de 1595, la réunion du tribunal des foires au corps de ville, tout pâlit au XVIIe siècle devant la question financière. L'histoire municipale de

(1) *Privilèges des foires*, avertissement, p. X.

(2) *Id.*, avertissement, p. XI. — Voyez aussi Archives municipales, *Inventaire Chappe*, t. IX, p. 331.

(3) *Privilèges des foires*, avertissement, p. XII.

Lyon, depuis 1600 jusqu'à 1789, pourrait se restreindre simplement à l'histoire de ses finances; ses administrateurs n'ont guère d'autres soucis que des soucis budgétaires : établir de nouveaux impôts pour payer les intérêts de la dette.

Au surplus, cette situation lui est commune avec le royaume; pendant deux siècles toute la politique intérieure de la France consistera dans ses finances, et c'est pourquoi les hommes d'État les plus justement célèbres, Sully, Émeri, Fouquet, Colbert, Law, Turgot, Necker, furent tous appelés à occuper le poste de surintendant. Chacun d'eux viendra tour à tour essayer un plan de réforme pour combattre le mal redoutable qui, si on ne réussit à le vaincre, doit emporter la monarchie française : le déficit. La municipalité lyonnaise périra, elle aussi, par le déficit; et c'est pourquoi il est intéressant de le voir naître et grandir.

Sully ne se contenta pas de ramener l'ordre dans les finances du royaume, il voulut corriger également les nombreux abus qui s'étaient introduits dans les finances des villes. Lorsqu'il s'occupa de celles de Lyon, il trouva une dette s'élevant à plus d'un million; Henri IV avait aidé lui-même à la grossir, en exigeant de la ville, en six années (1594-1600), plus de 300,000 écus de subsides (1). Le remède appliqué par le dur surintendant ne peut s'appeler que d'un nom : la banqueroute. Banqueroute, en ramenant d'abord tous les emprunts au denier douze ; banqueroute encore, quelques années après, en vérifiant, réduisant, annulant les créances, et en décidant que le principal seul en serait remboursé, en huit années, mais que les créanciers ne toucheraient plus aucun intérêt (2).

Ce n'était pas tout que d'avoir ainsi taillé dans le vif; il fallait songer maintenant à rétablir le budget municipal, dont Sully avait gravement compromis l'équilibre en suspendant l'assignation de 60,000 livres sur le tiers-surtaux et en réduisant l'entrée du vin (3). C'est à quoi on avisa en 1608 : le pro-

(1) Voyez Clerjon, *Histoire de Lyon*, t. VI, p. 16.

(2) *Id.*, t. VI. p. 17 et 22.

(3) *Id.*, t. VI, p. 19 et 20 ; voyez aussi, Archives municipales, *Inventaire Chappe*, t. XIV, p. 84, l'ordonnance consulaire du 30 août 1602, réduisant l'en-

duit du tiers-surtaux fut laissé à la ville, sous la condition d'un prélèvement de 36,000 livres destinées à des pensions (1); en outre, le consulat se rendit acquéreur, pour la somme de 760,000 livres une fois payée, de la ferme du vin (2); enfin (1613), il obtint la

trée sur le vin à 3 livres par ânée. L'assignation de 60,000 livres sur le tiers-surtaux est l'ancienne assignation de 45,000 livres que nous avons vue au chapitre précédent (page 234), et qui fut portée par Henri IV à 60,000 livres, à prendre sur le produit d'une augmentation d'un tiers des droits de douane, d'où son nom de tiers-surtaux. Voy., Archives municipales, *Inventaire Chappe*, t. XIV, p. 262. — Lettres patentes du 30 septembre et du 2 octobre 1595.

(1) Dont 24,000 livres pour Sully lui-même, selon Clerjon, *Histoire de Lyon*, t. VI, p. 19.

(2) Voy., Archives municipales, *Inventaire Chappe*, t. XIV, p. 265. — L'entrée fut alors rétablie à 4 livres par pièce (de 4 ânées) pour le vin du pays et 6 livres pour le vin étranger. Monfalcon, *Histoire monumentale*, t. II, p. 167. — Abolie en 1618, elle fut remplacée (lettres patentes des 10 mai 1632 et 7 octobre 1645) par un nouvel octroi, qui devint perpétuel en 1674, de 12 sols 6 deniers par ânée pour le vin du pays, et du quadruple pour le vin étranger. Archives municipales, *Inventaire Chappe*, t. XII, p. 89 et 176, et t. XIV, p. 513. — Cet octroi, joint à l'ancien dixième sur la vente en détail, était affermé (1657) pour la somme de 101,300 livres. *Inventaire Chappe*, t. XIII, p. 62 et 239.

confirmation de l'ancienne ferme de rêve et foraine (1). Grâce aux revenus de ces trois impôts, les finances de Lyon purent être rétablies.

Vers la fin du règne de Louis XIII, il vint s'y joindre une quatrième taxe plus importante que toutes les précédentes, et que le consulat prit aussi à ferme : c'était le *quarantième*, perçu à la vente de toutes les marchandises non sujettes aux droits de douane (2). Au milieu du XVIIe siècle, toutes ces fermes, tiers-surtaux, vin, quarantième, dont le roi avait augmenté le prix à chaque renouvellement de bail, coûtaient ensemble, à la ville, plus de 400,000 livres par an, tout en lui laissant un bénéfice de 200,000 livres à peu près. Ce bénéfice formait le plus clair des recettes municipales (3).

(1) Voyez lettres patentes données à Paris, décembre 1613. Archives municipales, *Inventaire Chappe*, t. VIII, p. 275.

(2) Voy. lettres patentes de Saint-Germain-en-Laye, 6 novembre 1640, établissant l'impôt du *vingtième* (Archives municipales, *Inventaire Chappe*, t. XII, p. 178) ; impôt réduit pour Lyon au *quarantième* par un arrêt du conseil du 21 août 1641 (*id.*, t. XII, p. 181) ; et pris à ferme par le consulat (*id.*, t. XII, p. 182).

(3) Voyez Clerjon, t. VI, p. 221. — En 1665, le

Mais c'était un revenu acquis à titre bien onéreux. Pour conserver ainsi l'exploitation de ces fermes depuis 1608, la ville avait dû les acheter et les racheter plusieurs fois par de grosses sommes versées au fisc. Le bail ne lui en était ordinairement concédé que pour un temps assez court, six ou huit années; et, à l'expiration, on ne le prolongeait que moyennant un don en espèces, sans compter l'augmentation du prix de ferme. Ces dons ne sont jamais au-dessous de 4 à 500,000 livres (1).

Outre les fermes, il fallait aussi racheter les divers offices, de création nouvelle, dont la couronne se servait pour battre monnaie; nous en citerons seulement quelques-uns, pour faire apprécier l'importance de ces ex-

tiers-surtaux et le quarantième sont pris à ferme pour 350,000 livres (Archives municipales, *Inventaire Chappe*, t. XII, p. 194) ; en 1676 pour 400,000 livres (*id.*, t. XIV, p. 332). — Le bail resta à cette dernière somme jusqu'en 1711, où il fut réduit à 360,000 livres (*id.*, t. XIV, p. 353).

(1) En 1641, 447,000 livres ; en 1647, 490,000 livres ; en 1653, 408,000 livres, etc. . . Voyez, Archives municipales, *Inventaire Chappe*, t. XII, p. 182, 189 et 190.

torsions royales. En 1632, le roi menace la ville des offices d'intendant et de receveur des deniers communaux, qu'on se hâte de racheter pour 180,000 livres (1); en 1639, ce sont les prud'hommes vendeurs de cuirs : 36,000 livres; et les jaugeurs : 63,000 livres (2). Quoique déjà payés, les offices de jaugeurs et de mesureurs de vin reparaissent en 1674, où 40,000 écus sont encore nécessaires, pour s'en débarrasser une seconde fois (3).

Ces ventes d'offices, véritables impôts détournés, taxes honteuses de la royauté, n'empêchaient point d'ailleurs qu'on ne continuât de lever des aides ou subsides extraordinaires comme autrefois (4). La guerre extérieure, les troubles de la Fronde, le couronnement d'un roi, tout était prétexte à des demandes de cette nature, si souvent répétées, qu'elles coûtèrent six millions à la ville pour une simple période de vingt années (1638-1658) (5).

(1) Voyez Clerjon, *Histoire de Lyon*, t. VI, p. 149.

(2) *Id.*, t. VI, p. 165.

(3) *Id.*, t. VI, p. 221.

(4) En 1641, la taxe des gens de guerre est de 120,000 livres. Voy. Archives municipales, *Inventaire Chappe*, t. XII, p. 84.

(5) Voyez Clerjon, *Histoire de Lyon*, t. VI, p. 188.

Le produit des fermes, joint à toutes les autres ressources municipales, était loin de pouvoir suffire à de pareilles exigences. L'emprunt seul permettait de satisfaire le roi ; et nous voyons ainsi chacun des renouvellements de baux ou des rachats de taxes, obliger le consulat à contracter de nouvelles dettes. Souvent, ce sont les échevins eux-mêmes, ou plutôt leur trésorier qui fait des avances à la caisse municipale ; dans ce cas, il s'alloue un intérêt de deux et demi pour cent par foire, ce qui veut dire par trimestre (1).

En 1677, nous trouvons ce découvert de la ville envers son receveur, — véritable dette flottante de l'époque, — porté à la somme de 2,400,000 livres (2). Quant à la dette consolidée, constituée, suivant une coutume du XVIIe siècle, par des emprunts en rentes viagères (3), elle était alors de 9,492,648 livres exigeant 1,129,513 livres pour le service des rentes (4). En calculant la valeur relative, ce

(1) Voyez Clerjon, *Histoire de Lyon*, t. VI, p. 182.

(2) *Id.*, t. VI, p. 223.

(3) Cette sorte d'emprunts commença à Lyon en 1654. Voyez, Archives municipales, *Inventaire Chappe*, t. XI, p. 367.

(4) Cette dette résultait de 11 millions empruntés

ne serait pas moins de cinquante à soixante millions de notre monnaie, que devait ainsi Lyon, peuplé tout au plus de 100,000 habitants.

La situation était grave, le déficit en permanence; la population s'effraya et récrimina; le procureur général de Moulceau fit des remontrances au consulat, qui résolut de s'amender et d'entreprendre une sérieuse réforme. Pour diminuer les charges, on commença par faire banqueroute d'un quart de leurs intérêts, à tous les rentiers de la ville. On promit ensuite des économies, de l'ordre dans la gestion des finances, la suppression de certaines faveurs coûteuses; on prit l'engagement de ne plus emprunter et d'éteindre progressivement la dette (1).

Pour cela, une condition était indispensable: se procurer un excédant budgétaire par de

en viager, depuis vingt ans; la différence, soit 1,500,000 livres, était éteinte par la mort des rentiers.

(1) Voyez Actes consulaires du 22 mai et du 22 juin 1877. Archives municipales, BB, 233, f°s 79, 80 et suivants. — Pour acquitter les dettes les plus urgentes, on constitua pour 125,000 livres de rentes perpétuelles.

nouveaux impôts. On obtint du roi des surtaxes, des *sur-octroi* sur l'entrée du vin, qui augmentèrent celle-ci de cinquante sous par ânée ou 10 livres par pièce (1); on rétablit l'ancien impôt du pied fourché, autrefois aboli sur les réclamations des bouchers (2); on mit aussi une taxe nouvelle, le *deux pour cent* sur toutes les marchandises entrant dans la ville, excepté la soie (3). Ce dernier impôt

(1) Trente sous par l'arrêt du conseil, du 1er avril 1677, et 20 sous encore par l'arrêt du conseil du 17 août 1677. Archives municipales, *Inventaire Chappe*, t. XIV, p. 519, et t. XI, p. 372. — Joint à l'impôt perpétuel de 1674 (voir, plus haut, p. 257), c'était donc un total de 3 livres 2 sous 6 deniers pour le vin du pays, et le quadruple pour le vin étranger, au profit de la ville seulement.

(2) Le tarif en fut très-élevé :

Pour chaque	bœuf	9 livres
—	vache	7 —
—	porc	30 sous
—	veau	20 —
—	mouton ou chèvre	10 —
—	agneau ou chevreau	3 —

Ce serait dix fois autant en monnaie de nos jours. Voyez, Archives municipales, arrêt du conseil, 23 décembre 1679. *Inventaire Chappe*, t. XIV, p. 632.

(3) Arrêt du conseil, 10 mai 1678. *Inventaire Chappe*, t. XIV, p. 118.

rappelait à peu près les six deniers du XVIe siècle.

Ces diverses taxes, exclusivement municipales, produisirent, à ce qu'il semble, des sommes énormes : plus d'un million par an (1). Grâce à ces revenus, et aussi à la paix de Nimègue qui survint en 1678, la ville put remplir tous ses engagements, et même soulager bientôt la population, en enlevant quelques-uns de ces impôts exceptionnels et par trop lourds ; le sur-octroi du vin fut ramené à 35 sous par ânée, et le deux pour cent abandonné sur les instances des commerçants lyonnais (2).

Ainsi fut essayée, en 1677, une première réforme pour conjurer la ruine des finances. Elle eut un semblant de succès pendant quelques années ; mais, plus loin, nous verrons

(1) 7 à 800,000 livres, sans le tiers-surtaux et le sur-octroi des 50 sous. Voyez Clerjon, *Histoire de Lyon*, t. VI, p. 284.

(2) Voyez, relativement au sur-octroi, l'arrêt du conseil du 23 décembre 1679, et relativement au 2 %, celui du 22 août 1686. Archives municipales, *Inventaire Chappe*, t. XIV, p. 120 et 121. Voyez aussi l'ordonnance consulaire du 16 juillet 1688. *Actes consulaires*, BB, 245, f° 74.

quels événements la rendirent inutile et impuissante. Les causes du mal étaient profondes et demandaient d'autres remèdes que des expédients momentanés. On avait été conduit là, non-seulement par les exigences de la couronne, mais aussi par une conséquence naturelle du système financier de la ville, qu'il eût fallu renouveler de fond en comble. Les exemptions, les privilèges, les dispenses établies durant tout le cours du XVe et du XVIe siècle obligèrent d'abord les échevins à ne compter que sur les octrois, les douanes et les emprunts. En outre, à mesure que le Consulat se séparait davantage du reste de la population, peuple ou bourgeoisie, pour ne plus tenir son autorité que du bon plaisir royal, s'augmentait sa répugnance pour les taxes directes, pour les tailles : pour en imposer, en effet, il eût fallu le consentement du peuple ou du moins des notables ; il eût fallu aussi soumettre leur emploi à des vérifications de comptes, qui eussent peut-être embarrassé les administrateurs municipaux ; il était plus commode de s'entendre uniquement et directement avec le roi, toujours indulgent quand on lui parlait la bourse à la main.

A cela, il y avait un inconvénient ; le roi se faisait acheter le droit d'établir les impôts même indispensables ; ainsi s'en allait le plus clair du produit, et l'on retombait fatalement sur le déficit et l'emprunt. Conclusion d'autant plus inévitable, que les exceptions et les exemptions se multipliaient chaque jour, et ne tardèrent pas à s'étendre aux impôts indirects et aux taxes de consommation. Les faubourgs payaient moins que la ville ; le clergé, le gouverneur et tous les officiers du roi ne payaient rien du tout. Le prévôt et les échevins ne s'étaient point non plus oubliés ; durant leurs fonctions et neuf années après être sortis de charge, ils pouvaient entrer en franchise vingt pièces de vin par an. Ce fut un grand effort, en 1677, que de ramener toutes les exemptions de cet octroi à 2,400 pièces chaque année (1). Tous ces abus réunis plaçaient les finances lyonnaises dans un cercle sans issue ; les privilèges causaient le déficit, et celui-ci amenait à son tour la dette et la banqueroute. Les réformes comme celle de 1677 ne pouvaient rien

(1) Voyez ces exemptions dans Clerjon, *Histoire de Lyon*, t. VI, p. 227.

changer à cela, parce qu'elles ne prenaient pas le mal à sa racine.

D'ailleurs, cette réforme se produisit dans un moment assez défavorable. Lyon venait précisément d'entrer dans une période de crise commerciale, qui ne fit que s'aggraver. Au commencement du XVIIe siècle, cette ville s'était assez rapidement relevée des malheurs de la Ligue. La paix rétablie dans le royaume, elle avait pu profiter des avantages que lui offrait sa douane, où passaient toutes les étoffes de soie importées de l'étranger, et aussi toutes les marchandises du Dauphiné, du Languedoc et de la Provence, destinées à l'exportation. Cette obligation, jointe aux foires qui avaient repris un peu de leur animation d'autrefois, ne pouvait manquer d'attirer en foule les produits et les marchands de tous pays. Lyon vit donc bientôt refleurir son commerce, et le commerce stimula l'industrie.

On recommença à tisser des étoffes de soie, et avec un tel succès, qu'il y avait déjà, en 1627, 12,000 artisans vivant de ce travail dans le quartier des Terreaux (1). De nouvelles

(1) Voyez Clerjon, *Histoire de Lyon*, t. VI, p. 132.

branches vinrent aussi se greffer sur l'industrie-mère ; en 1605, ce sont les façonnés, dont les premiers métiers sont établis par Claude Dangon ; puis la manufacture de fils d'or, fondée par Honorat et qui occupait, en 1640, plusieurs milliers d'ouvriers ; la fabrique des crêpes, créée par Blanchet, en 1649 ; les tapisseries, en 1650 ; les moulins pour organsins, en 1656 ; enfin, les canons et bas de soie, industrie apportée d'Angleterre en 1663 par James Fournier (1). Tout ce mouvement industriel, plus tard encouragé, poussé par Colbert, atteignit un tel développement qu'on put compter 18,000 métiers battant dans la ville, tandis que Tours en possédait seulement 11,000. On évaluait alors nos exportations à 12 millions de livres, et nos importations à 21 millions. Lyon était, sans aucun doute, la seconde ville de France (2).

Mais l'intervention de Colbert dans les affaires lyonnaises ne fut pas toujours heu-

(1) Voyez Clerjon, *Histoire de Lyon*, t. VI, p. 93, 171 et 198 ; et Archives municipales, *Inventaire Chappe*, t. VII, p. 211.

(2) Voyez Levasseur, *Histoire des classes ouvrières*, t. II, p. 267 et 275.

reuse. Ce ministre représentait la politique de protection, les tarifs, les prohibitions, la réglementation des métiers, les jurandes obligatoires ; et les traditions de la ville étaient, au contraire, toutes en faveur de la liberté. Pourtant, un conflit purement commercial avait éclaté déjà, en 1598, entre deux parties de la population ; quelques fabricants de Lyon, unis aux fabricants de Tours, demandaient au roi de prohiber les étoffes étrangères, mesure contre laquelle s'élevèrent vivement tous les autres commerçants et l'administration consulaire. Les intérêts paraissaient, en effet, être tout opposés ; l'industrie voulait le monopole du marché intérieur, tandis que le commerce et le corps de ville avaient besoin d'attirer, en grande quantité, les produits étrangers à la douane et sur les foires : question vitale d'échanges et d'impôts. La dispute fut acharnée, mais le consulat et le principe de liberté restèrent pourtant vainqueurs (1).

Vainqueurs aussi, en 1606, lorsque le roi voulut de nouveau introduire à Lyon le ré-

(1) Voyez Clerjon, *Histoire de Lyon*, t. VI, p. 85 et suivantes.

gime des maîtrises (1). Sur ce point, les échevins résistèrent à la fois à la royauté et aux artisans, qui au fond du cœur n'auraient souhaité que de voir leurs métiers devenir jurés. Malgré tout, la liberté du travail fut maintenue, et, au temps de Colbert, on ne trouvait dans la ville d'autres jurandes que celles qui existaient déjà au XVIe siècle pour les serruriers, les orfèvres, lés chirurgiens et les apothicaires (2).

Aussi on comprend que les projets du puissant surintendant aient trouvé à Lyon d'invincibles obstacles. Il dut renoncer à y établir ses jurandes (3), mais il imposa cependant à la fabrique de soie un règlement nouveau, dont la première application provoqua une émeute (4).

(1) Voyez lettres patentes, 3 juillet 1606. Archives municipales, *Inventaire Chappe*, t. I, p. 189.

(2) Voyez Clerjon, *Histoire de Lyon*, t. VI, p. 174. Voyez aussi les lettres patentes de mai 1661, qui confirmèrent cette franchise des métiers lyonnais. Archives municipales, *Inventaire Chappe*, t. VI, p. 54.

(3) Il y renonça en 1669. Voy. l'arrêt du conseil d'État du 5 août. Archives municipales, *Inventaire Chappe*, t. I, p. 191.

(4) Monfalcon, *Histoire monumentale de Lyon*, t. II, p. 218.

C'est que ce règlement tranchait, au détriment des maîtres-ouvriers, le procès resté pendant, depuis 1576, entre eux et les marchands (1). Colbert décida d'admettre dans le corps de métier « tous ceux qui travaillaient ou *faisaient travailler* » ; les marchands furent donc reçus, ils partagèrent les privilèges des ouvriers, et ils purent atteindre à cet objet principal de leur ambition : les fonctions de maîtres-gardes. Ceux-ci avaient été portés au nombre de six, renouvelables par moitié toutes les années (2) ; quatre devant être nommés par le consulat et les deux autres par une sorte de collège électoral composé des maîtres-gardes en exercice, de tous les anciens maîtres-gardes, et de trente ouvriers que le consulat choisissait parmi les membres de la communauté. Comme par le passé, leur tâche consistait surtout à exercer le droit de visite, et à renvoyer les contrevenants aux règlements du métier, devant le consulat.

En ouvrant ainsi le métier de la soie aux

(1) Voyez ce règlement du 19 avril 1667. Archives municipales, *Inventaire Chappe*, t. VII, p. 143.

(2) Article VI du règlement ci-dessus.

marchands, Colbert introduisit tout simplement la guerre civile dans l'industrie lyonnaise, et nous assisterons bientôt aux longues et parfois sanglantes querelles qui furent, au XVIIIe siècle, la conséquence des règlements de 1667.

Il semble que cette date marque, au XVIIe siècle, le terme de la prospérité du commerce et de l'industrie à Lyon. Les taxes trop lourdes, la guerre, peut-être les entraves des règlements et des tarifs de Colbert, arrêtèrent brusquement son mouvement de progression; cette situation stationnaire se prolongea pendant vingt années, jusqu'à la révocation de l'édit de Nantes, qui précipita la chute.

Catholique avec exaltation, Lyon renfermait pourtant un assez grand nombre de protestants, riches marchands, artisans laborieux, la partie la plus active de son industrieuse population. Lorsqu'ils émigrèrent, ce fut comme en 1563 : leur travail émigra avec eux. La première fois, ils avaient emporté l'imprimerie; cette fois-ci c'est la fabrique de soie qui faillit disparaître. Les métiers tombèrent subitement de 18,000 à 7,500, dont 3,000 seulement pour les étoffes, et 4,000 pour les rubans et la passementerie (1). Après la révocation, on ne compte plus dans la ville que 69,000 habitants (2).

C'était la décadence, la menace d'une ruine irrémédiable. Dans cette épouvantable crise, la population lyonnaise dut bénir sans doute les nombreuses institutions d'assistance que la prévoyante administration consulaire avait créées ou développées pendant toute la première moitié du XVIIe siècle. Sur ce point, les progrès accomplis étaient vraiment remarquables. En 1617, l'Aumône avait fondé pour ses mendiants, ses vieillards et ses orphelins, le nouvel hospice de la Charité (3). En 1643, on régularisa définitivement les achats de blé, en établissant la Chambre d'abondance ; elle

(1) Voyez Clerjon, *Histoire de Lyon*, t. VI, p. 232.

(2) Henri Martin, *Histoire de France*, t. XIV, p. 334.

(3) Voyez, Archives municipales, *Inventaire Chappe*, t. XIX, p. 583. — L'œuvre de l'Hôtel-Dieu s'était accrue aussi (1664) par l'adjonction d'un nouvel hôpital, celui des Passants, à la Guillotière, pour l'entretien duquel le consulat versait annuellement au rectorat de l'Hôtel-Dieu une subvention de 900 livres. Archives municipales, *Actes consulaires*, BB, 219, f° 236, et BB, 227, f° 46 *verso*.

fut organisée en administration distincte, comme cela avait été fait antérieurement pour l'Aumône et l'Hôtel-Dieu (1). Un comité permanent, composé de huit citoyens notables, assez riches pour faire des avances de leurs propres deniers, eut la direction de l'œuvre sous la présidence d'un des échevins de la ville; leur trésorier rendait ses comptes au consulat (2).

Ce qui démontre bien l'utilité, la vigueur de ces deux institutions de l'Aumône et de l'Abondance, ce sont les épreuves qu'elles eurent à subir et auxquelles elles surent résister. Nous en citerons quelques-unes. En 1629, il fallut combattre une peste qui ravagea la ville et y emporta 35,000 habitants, disent les uns, et même 65,000 selon d'autres (3). On nourrit alors jusqu'à 20,000 pauvres; l'Aumône les plaçait chez les bourgeois, avec un subside de trois sous par jour. Plus tard,

(1) Archives municipales, *Actes consulaires*, BB, 197, f° 121.

(2) Assemblée générale du 31 août 1643. Voyez *Inventaire Chappe*, t. IV, p. 444.

(3) Voyez Monfalcon, *Histoire monumentale de Lyon*, t. II, p. 181.

si la peste ne reparut point, on eut à lutter contre un autre redoutable fléau, trop fréquent à Lyon, où il semble inséparable de notre industrie de luxe : le chômage. En 1642, 10,000 ouvriers, et en 1656, 18,000 se trouvèrent sans ouvrage et sans ressources : l'Aumône et l'Abondance pourvurent à leurs besoins (1).

Lyon était peut-être la ville de France la mieux armée pour parer aux misères qui suivirent partout la révocation de l'édit de Nantes. On y vit alors de véritables prodiges d'assistance ; indépendamment de la distribution hebdomadaire de 60,000 livres de pain et de 240 livres en argent, que faisait régulièrement l'Aumône générale, le consulat organisa, pendant les deux années 1693 et 1694, une distribution supplémentaire aux indigents de 20,000 livres par mois. Grâce à ces efforts, la ville put supporter la terrible crise et s'en relever bientôt après (2).

Nous ne pouvons terminer ce rapide ta-

(1) Dareste, *Histoire de l'Administration*, t. II, p. 220.

(2) Voy. Clerjon, *Histoire de Lyon*, t. VI, p. 232.

bleau de l'existence municipale de Lyon au XVIIe siècle, sans signaler, brièvement toutefois, les principaux travaux de voirie et d'architecture qui furent entrepris à cette époque. Le plus remarquable est l'Hôtel-de-Ville, commencé en 1646, et dont l'exécution s'acheva lentement en raison du peu de ressources que la ville pouvait lui consacrer (1) : en 1655, on voit

(1) Notre plus ancien Hôtel-de-Ville, qui fut acheté en 1424 par le consulat, était situé au nord de l'église Saint-Nizier, entre la rue de la Fromagerie et la rue Longue. En 1604, après de nombreuses tribulations, il fut définitivement abandonné et l'administration consulaire se transporta dans une maison de la rue Vaudran ou Poulaillerie-Saint-Nizier, où elle resta jusqu'à la construction de l'Hôtel-de-Ville actuel. Voyez, Archives municipales, *Inventaire Chappe*, t. XVI, p. 305 et suiv. ; et Léopold Niepce, *Les Archives de Lyon*, p. 25 et suiv. — Ce dernier Hôtel-de-Ville ne coûta pas moins de 1,500,000 livres de la monnaie du temps, qui vaudraient une dizaine de millions aujourd'hui. Voici, d'ailleurs, le relevé du compte de dépenses, tel qu'il fut clos en l'année 1660 :

Maçons	768,560 liv.	9 sols	11 den.
Charpentiers	127,136	2	11
Plombiers	169,856	1	»
Menuisiers.	81,356	15	»
Peyrollier	6,826	»	»
A reporter. . . .	1,153,735 liv.	8 sols	10 den.

le consulat décider de réduire à une somme totale de 10,000 livres ses dépenses annuelles pour tous les travaux publics (1). Le Pont-du-Rhône avait déjà coûté, au commencement du siècle, des sommes importantes : 60,000 livres avaient été employées à ses réparations ; plus tard, il fallut endiguer le fleuve lui-

Report. . . .	1,153,735 liv.	8 sols	10 den.
Fontanier	37,145	»	»
Recouvreurs.	57,029	14	6
Horloger	8,600	»	»
Vitrier.	6,799	4	7
Fondeurs	21,802	5	9
Tapissiers	13,883	»	»
Peintres et doreurs. .	61,907	3	»
Sculpteurs.	20,645	»	»
Serruriers	74,489	8	8
Graveurs.	5,280	»	»
Acquisitions, terrains.	41,095	»	»
Menues dépenses. . .	22,579	1	2
Total.	1,524,990 liv.	6 sols	6 den.

Voyez, Archives municipales, *Inventaire Chappe*, t. XVI, p. 332.

(1) Acte consulaire du 7 octobre 1655. Voyez *Inventaire Chappe*, t. X, p. 21. — Une délibération semblable est prise encore le 28 novembre 1675, mais cette fois, ce minimum de dépenses est élevé à la somme de 16,000 livres. Archives municipales, *Inventaire Chappe*, t. X, p. 24.

même pour le maintenir dans son lit, et le consulat y consacra, en 1654, une somme de 45,000 livres (1). Quant au pont de l'Archevêché, il fut reconstruit, en 1634, par un sieur Marie, qui se fit accorder le droit de passage pendant trente années : premier exemple du péage des ponts perçu au bénéfice d'un particulier (2).

On songea aussi à prendre quelques précautions contre les incendies : douze charpentiers, dont six appartenaient à chaque côté de la ville, furent chargés de diriger les secours au premier appel (3). Chacun d'eux eut sous ses ordres une escouade de cinq hommes ; il recevait une indemnité de 18 livres pour son escouade et lui, toutes les fois qu'on avait demandé ses services. Cette organisation rudimentaire fut ainsi le véritable ancêtre du corps des pompiers, à Lyon.

C'est également pendant le XVIIe siècle que les institutions d'enseignement s'achèvent, et

(1) Archives municipales, *Actes consulaires*, BB, 208, p. 171.

(2) Convention du 7 septembre 1634, *Actes consulaires*, BB, 186, f° 148.

(3) *Actes consulaires*, BB, 210, p. 54.

qu'apparaît une première organisation des écoles primaires.

Nous avons laissé les jésuites maîtres du collège de la Trinité ; chassés en 1596, à la suite de l'horreur soulevée par l'attentat de Jean Châtel, ils revinrent bientôt et définitivement en 1604, rappelés par le consulat (1). En 1630, grâce à un don de 24,000 livres qu'ils reçoivent d'une dame de Gadagne, ils peuvent fonder un second établissement du côté de Fourvière ; on l'appela le Petit-Collège ou collège de Notre-Dame, mais on n'y enseigna d'abord que les basses classes, tandis que les classes basses et hautes, l'enseignement secondaire et supérieur, étaient réunis au collège de la Trinité (2).

(1) Ou plutôt par une décision d'une assemblée de notables, tenue le 24 janvier 1604. Voyez, Archives municipales, *Inventaire Chappe*, t. XX, p. 208 et 209. — Il leur fut alloué par le consulat une subvention annuelle de 6,000 livres.

(2) Acte consulaire du 17 septembre 1630. Archives municipales, BB, 178, f° 246. — Ce ne fut qu'en 1647, que ce collège de Notre-Dame devint un établissement d'enseignement supérieur ; le consulat accorda alors une subvention annuelle de 1,200 livres pour la création de deux chaires d'humanités et de rhétorique. Acte consulaire du 3 décembre 1647, BB, 201, f° 192 *verso*.

Mais ce qui nous intéresse plus encore, ce sont les petites écoles gratuites, ouvertes pour l'instruction des enfants pauvres. Il en existait déjà au XVIe siècle; nous les avons vues, lors de la création du collège de la Trinité. Leur obscure existence se continua jusqu'au moment où nous sommes, entretenue par des associations religieuses et à l'aide de dons pieux (1). Vers 1670, le consulat paraît en prendre la direction; une première allocation de 200 livres est accordée à une école primaire municipale qu'on installa dans le quartier de Saint-Marcel; dans les années suivantes, ces créations se multiplièrent, et en 1685 fut établi un règlement général des *petites écoles de Lyon*, qui avaient alors pour institutrices les sœurs de Saint-Charles (2).

(1) Quelquefois aussi elles étaient subventionnées par le consulat. Ainsi, en 1660, une somme de 1,200 livres fut accordée aux Ursulines de Saint-Just, pour leur venir en aide dans la construction d'écoles de petites filles. Voyez, Archives municipales, *Actes consulaires*, BB, 215, f° 270.

(2) A cette époque, l'archevêque leur constitue une rente de 1,000 fr., et plus tard (1735) le gouverneur, une autre rente de 250 fr. Le consulat lui-même, mal-

De ce germe serait peut-être sorti quelque organisation remarquable, comme tant d'autres institutions lyonnaises à qui nous venons de voir des commencements tout aussi modestes, si nos magistrats bourgeois, qui révélèrent une véritable capacité administrative, avaient eu les mains libres ; mais, liés à la royauté, entraînés dans le tourbillon de fautes sans nombre, d'aventures, de dilapidations imprévoyantes où la monarchie se perdait, ils vont se trouver aux prises avec des difficultés qui, pendant longtemps, absorberont tous leurs soins.

gré ses difficultés financières, ne tarda pas à augmenter ses allocations aux petites écoles. Le 17 mai 1731, la subvention annuelle est portée à 500 fr., sans préjudice d'une rente de 660 fr. sur les fonds municipaux, fondée en 1726. Plus tard, le consulat alloue également 120 fr. par an pour des petites écoles de filles à la Croix-Rousse (1746) et 180 fr. pour des petites écoles de garçons (1753). Voyez, Archives municipales, *Actes consulaires*, BB, 295, f° 62 ; BB, 312, f° 131 et 132 ; BB, 320, f° 62 ; et *Inventaire Chappe*, t. XI, p. 122, 123 et 124.

Chapitre XIII

LES MAITRISES

Sommaire : Vente des offices. — Réorganisation de la police. — Etablissement des droits de Maîtrises. — Procès entre les Corporations. — Usurpations des marchands. — Arrêt de 1744. — La Grande Rebeyne. — Cruelle répression. — Développement de l'industrie. — La Chambre de commerce. — Embellissements utiles : les lanternes ; les eaux ; les petites voitures. — Le siècle de la philosophie. — La bibliothèque ; les écoles ; l'Académie ; le théâtre. — Nouveaux réglements de l'Abondance. — Dettes des hopitaux. — Courtisannerie et gaspillages. — Law : ses projets et sa chute. — Surtaxes et nouveaux emprunts. — Le Déficit. — Critiques contre l'Administration consulaire. — Réforme de 1764.

Rarement la France s'était trouvée dans une situation pire que celle où la mit le roi-soleil, à la fin de son règne. La guerre et les dépenses folles semblent avoir ruiné un pays qui, à d'autres époques, a montré une richesse inépuisable. Les campagnes sont dépeuplées, les villes veuves de leur industrie et de leur commerce, depuis que l'intolérance religieuse du monarque a chassé au delà des frontières un demi-million de Français ; le pays tout entier plie sous le poids d'une effroyable dette de trois milliards, qui en vaudraient douze aujourd'hui (1). Toutes les ressources sont taries, et pourtant il faut de l'argent encore pour entretenir les fêtes de Versailles et de la cour. Pièce par pièce, on met la monarchie en vente ; toutes les fonctions du gouvernement, tous les droits, tous les honneurs, tous les privilèges, deviennent l'objet d'un marché où le monarque le plus absolu du monde se dépouille de toutes ses prérogatives en faveur de quiconque peut payer. Pontchartrain, le ministre chargé de ce trafic des offices, procura ainsi à son maître 150 millions, dit-on, dans un délai de huit années (2) : 150 millions qui firent peser sur le pays des charges incalculables.

Lyon subit le sort commun ; un beau jour il vit adjuger toute son administration aux enchères ; il est vrai qu'on lui permit, comme à tout le monde, d'enchérir. Or, cette ville

(1) V. Lacretelle, *Hist. de France au XVIIIe siècle*, t. I, p. 130.

(2) « Pontchartrain, dit Saint-Simon, fournit en « huit ans 150 millions avec du parchemin et de la « cire. » Duruy, *Histoire de France*, t. III, p. 215.

qui déjà au XVe siècle avait manifesté une sage horreur des traitants, et qui, pour les chasser de son enceinte, prenait elle-même à ferme toutes les gabelles du roi, n'était pas plus disposée, à la fin du XVIIe, à se laisser dévorer par les acheteurs d'offices royaux. Autant donc que le lui permirent ses finances, à mesure que paraissait un de ces édits créant des fonctions invraisemblables pour lesquelles on cherchait un acquéreur, le consulat se mettait aussitôt sur les rangs et se faisait adjuger l'office. Il conserva ainsi à peu près tous ses droits d'administration, de police, de commerce, etc. ; nous savons que ces droits-là étaient déjà devenus bien restreints.

Mais il en coûta de grosses sommes à la ville, et ce fut, en outre, l'occasion de quelques changements dans ses institutions, qui méritent d'être signalés.

L'un des premiers édits bursaux qui s'abattirent sur Lyon, en 1699, concernait la police (1). Supprimant toute l'ancienne organisation, qui datait du XVIe siècle, la cour institua,

(1) L'édit de Fontainebleau, octobre 1699. Voyez, Archives municipales, *Inventaire Chappe*, t. V, p. 98.

pour la police, un lieutenant général, dont l'office fut mis en vente ; le consulat le racheta immédiatement pour la somme de 198,000 livres, et resta ainsi maître de sa juridiction qu'il réorganisa de la manière suivante (1) : le tribunal de police se composa désormais d'un lieutenant général, d'un procureur du roi, de six juges et de dix commissaires, tous choisis par le prévôt et les échevins. Vers la même époque, la ville acquit aussi de l'archevêque son ancien droit de justice seigneuriale sur le faubourg de la Guillotière (2) ; dès lors l'autorité judiciaire des échevins n'eut plus d'autre rivale, dans toute l'agglomération lyonnaise, que le présidial.

En 1694, un autre édit royal avait transformé en offices héréditaires, les emplois de capitaines et de quarteniers dans la milice. Le consulat s'en était rendu acquéreur (3), avait

(1) Voyez arrêt du conseil d'État du 15 juin 1700. Archives municipales, *Inventaire Chappe*, t. I, p. 111.

(2) Voyez Archives municipales, *Inventaire Chappe*, t. V, p. 118.

(3) Pour 440,000 livres. Voyez arrêt du conseil d'Etat, 25 mai 1694. Archives municipales, *Inventaire Chappe*, t. I, p. 100.

réuni ces offices au corps de ville, et il put ainsi continuer de pourvoir aux nominations comme précédemment.

Mais, à leur sujet et poussé lui aussi par un besoin d'argent, le consulat faillit commettre une faute sur laquelle il ne tarda pas à revenir ; il eut l'idée de revendre aux capitaines, lieutenants et enseignes des penons, leurs offices qu'il venait de payer à la couronne (1). Ceux-ci les achetèrent en effet ; mais, forts de leur propritété légitime, ils manifestèrent des vélléités d'indépendance, comme au temps de la Ligue. Les échevins effrayés se hâtèrent d'annuler la vente et de rembourser les officiers, afin de reprendre toute leur autorité sur la milice (2).

Bientôt ce sont les fonctions échevinales elles-mêmes qu'il fallut garantir. Par une faveur exceptionnelle, Lyon avait échappé aux édits de 1692, créant des maires et des échevins perpétuels dans toutes les villes du

(1) Acte du 21 octobre 1695. *Inventaire Chappe*, t. IV, p. 187. — Les finances de ces offices étaient fixées à 495 livres pour le capitaine penon, 330 livres pour le lieutenant, et 165 pour l'enseigne.

(2) Voyez Clerjon, *Histoire de Lyon*, t. VI, p. 249.

royaume. En 1702, la ville fut moins heureuse ; on ne toucha pas au prévôt des marchands, mais on créa un nouvel office de lieutenant du prévôt et on remplaça les quatre échevins élus par douze assesseurs inamovibles (1). Pour conserver intacte l'ancienne administration, le consulat dut payer, en 1703, une somme de 213,730 livres (2).

Ce serait une trop longue liste que celle des offices de tous genres dont on menaça Lyon, de 1690 à 1705. Disons seulement que le consulat ne les racheta pas tous ; très attentif à réunir au corps de ville ceux qui pouvaient porter atteinte à ses droits, il laissa pourtant s'établir, — manque d'argent ou indifférence, — plusieurs offices concernant le commerce plutôt que l'administration. Nous citerons surtout les offices de maîtres-gardes et jurés héréditaires des corporations, car ils eurent pour conséquence immédiate l'établis-

(1) Voyez arrêt du conseil d'État du 5 décembre 1702. — Archives municipales, *Inventaire Chappe*, t. XIV, p. 643.

(2) Délibération consulaire du 3 mars 1703. Voyez Archives municipales, *Actes consulaires*, BB, 262, f° 36.

sement des maîtrises, et là se trouve, à notre avis, le fait capital du XVIIIe siècle pour nos institutions lyonnaises.

Le consulat, préoccupé alors de racheter les offices de procureur du roi et de secrétaire-greffier, qui le touchaient plus directement, n'usa pas du trésor municipal pour préserver les communautés d'artisans de ces nouveaux emplois de maîtres-gardes, jurés, syndics, etc. Il invita simplement (1692) les différents corps de métier à se concerter entre eux et à se cotiser pour racheter, avec leurs propres deniers, les offices qui les concernaient. Les corporations lyonnaises comprirent leurs intérêts aussi bien que le consulat avait compris les siens, et, pour rester maîtresses chez elles, elles payèrent les 275,000 livres réclamées par le fisc royal (1). Il n'y eut ainsi rien de changé à l'ancienne élection des maîtres-gardes; mais chaque métier se trouva grevé d'une forte dette (2). Pour la payer, on ima-

(1) Arrêt du conseil d'État du 11 octobre 1692. Voyez Archives municipales, *Inventaire Chappe*, t. VII, p. 227.

(2) Les ouvriers en soie durent emprunter 38,500 livres pour racheter les offices qui les concernaient; les autres métiers à l'avenant. Voir arrêt ci-dessus.

gina des règlements nouveaux, on augmenta les droits de visite, et, ce qui fut plus grave, on fixa partout un droit d'admission à la maîtrise (1).

D'ailleurs, il ne fut pas possible de rendre cette fatale mesure simplement temporaire et de revenir à l'admission libre, une fois la dette remboursée. Celle-ci ne se paya jamais; les édits bursaux ne le permirent pas ; le fisc, ayant rencontré ce nouveau filon, ne cessa de l'exploiter et fit pleuvoir les créations d'offices sur les métiers lyonnais, jusqu'à la mort de Louis XIV. En 1692, c'est 75,000 livres qu'on demande ainsi aux maîtres et compagnons tireurs d'or; l'année suivante, 540,000 livres aux affineurs; en 1697, 450,000 livres pour les juges des droits d'entrée; en 1704, 250,000 livres pour les jurés mesureurs et chargeurs; et, à l'avénement de Louis XV, les corporations lyonnaises,

(1) Dans la fabrique de soie, ce droit d'admission fut fixé pour les maîtres-ouvriers d'abord à 30 livres, puis en 1707 à 60 livres. Le droit pour les marchands était beaucoup plus élevé et atteignait 300 livres (1711). — *Recueil des Statuts et Règlements de la fabrique de soie*, p. 141 et 150; Arrêt du 9 août 1707 et Lettres patentes du 25 octobre 1711.

pour se faire confirmer les droits obtenus de son prédécesseur, durent débourser ensemble la somme de 200,000 livres.

Comme le consulat, les métiers sont désormais condamnés, par le roi, à l'emprunt et aux privilèges (1). Prenant bientôt l'esprit de leur nouvelle situation, les maîtres voudront du moins tirer de ces privilèges si coûteux tout le parti possible; ils défendront leurs maîtrises contre les artisans et les étrangers ; ils élèveront des barrières à la concurrence ; ils tomberont, en un mot, dans tous les abus des jurandes et des maîtrises, dont ils s'étaient si heureusement préservés pendant quatre siècles.

On s'aperçut bientôt de ce changement dans le régime de l'industrie. On vit, ce dont Lyon avait été exempt jusqu'alors, les contestations, les querelles, les procès agiter les cor-

(1) Chaque métier était obligé, suivant les besoins ou les fantaisies du pouvoir royal, de racheter plusieurs fois les mêmes offices. C'est ainsi que les ouvriers en soie, après avoir payé 38,500 livres, en 1692, furent encore obligés d'emprunter, en 1705, 22,000 livres; en 1707, 19,000 livres; en 1711, 29,700 livres. Voyez, Archives municipales, *Inventaire Chappe*, t. VII, p. 229 et 232.

porations et les mettre aux prises les unes avec les autres. Ce sont les bouchers, qu'on accuse d'affamer la ville, et dont le consulat suspend les privilèges (1) ; les savetiers, qui plaident avec les cordonniers pour délimiter le champ de leur travail, distinction si difficile à établir que le procès dura jusqu'en 1789 (2); les boulangers et les pâtissiers, qui se disputent le droit de faire rôtir la viande (3) ; les chapeliers, maîtres et compagnons, qui, ne pouvant s'accorder sur le taux des salaires, le font fixer, en 1761, par un arrêt du Parlement de Paris (4).

Dans la fabrique de soie, c'est bien autre chose qu'un procès ; ce sont des *rebeynes*, des émeutes où le sang coula. Les marchands, admis dans le métier depuis les règlements de Colbert, s'y étaient attribué la part du lion; sur six maîtres-gardes, quatre devaient être

(1) Une émeute eut lieu contre eux les 4 et 5 juin 1714. Voyez Archives municipales, *Actes consulaires*, BB, 275, fº 80 et suiv.

(2) Voyez Clerjon, *Histoire de Lyon*, t. VI, p. 355.

(3) Voir les pièces de ce procès aux Archives municipales, *Inventaire Chappe*, t. VI, p. 60.

(4) Arrêt du 5 septembre 1761, *Inventaire Chappe*, t. VI, p. 258.

pris dans leurs rangs, et pour les deux autres, ils faisaient nommer les maîtres-ouvriers les plus pauvres, par conséquent les plus soumis à leur influence (1). Dès 1712, le conflit avait éclaté entre les marchands et les ouvriers ; les entraves de la corporation pesaient déjà à ces derniers ; ils demandent la liberté, la suppression des droits, la destruction des règlements oppresseurs, et comme on leur répond que toutes les dettes ne sont point payées, ils somment les maîtres-gardes de leur fournir des comptes. N'ayant pas obtenu satisfaction sur ce dernier point, ils engagèrent un procès (2).

Ne semble-t-il pas que nous voilà reportés, encore une fois, à la grande lutte de 1515 entre les artisans et l'oligarchie bourgeoise? Il s'agit, il est vrai, non plus de l'administration de la ville, mais de la direction de son industrie ; ce sont les mêmes adversaires qui

(1) Voy. *Recueil des Statuts et Règlements de la fabrique de soie*, p. 12 ; Arrêt du conseil d'Etat, 26 décembre 1702, art. 1. — L'assemblée électorale se compose, d'ailleurs, de marchands pour les deux tiers. *Id.*, art. II.

(2) Voyez Archives municipales, *Inventaire Chappe*, t. VII, p. 231 et 232.

combattent sur un autre terrain. Une riche minorité d'une centaine de marchands veut dépouiller de leurs droits toute la classe moyenne et la foule des pauvres gens : 800 maîtres-ouvriers et 8,000 artisans à façon (1).

Aux réclamations des maîtres-ouvriers, les marchands opposent des prétentions nouvelles. Maintenant qu'ils possèdent la haute main sur le métier, ils veulent y établir la séparation des classes. Selon eux, il faut choisir entre la profession de maître-ouvrier et celle de marchand ; on ne peut à la fois travailler à façon et vendre à l'acheteur; le monopole et le droit de maîtrise doivent obliger le maître-ouvrier à ne travailler que pour le marchand.

Dans ce conflit, les artisans et les maîtres-ouvriers font cause commune ; ils sont également soutenus par les acheteurs ou commissionnaires, qui préféraient traiter avec de petits fabricants plutôt qu'avec de gros marchands.

Mais ces derniers ont pour eux le pouvoir

(1) Voy. Clerjon, *Histoire de Lyon*, t. VI, p. 327, et Monfalcon, *Histoire monumentale*, t. III, p. 3.

royal, le *Deus ex machina* de toutes ces querelles intestines. Le 8 mai 1731, un premier arrêt est donné en faveur des marchands ; chacun d'eux peut conserver deux métiers pour sa famille, mais le maître-ouvrier ne vendra plus (1) ; en outre, son atelier ne devra pas renfermer au delà de quatre métiers.

Pourtant, en 1737, à la suite d'une enquête entreprise par l'inspecteur général des manufactures, Fosse, les ouvriers prirent un moment leur revanche. On leur accorda l'abolition du droit d'admission, la liberté du travail et même la moitié des nominations des maîtres-gardes, portés au nombre de huit (2).

Les marchands intriguèrent, ne se tenant pas pour battus (3). Par leur fortune, ils disposaient de moyens d'influence bien efficaces à la cour ; d'ailleurs le consulat, peut-être

(1) Il lui est laissé un mois pour opter entre la qualité de marchand et celle de maître-ouvrier. Voyez Bonassieux, *Grève des ouvriers en soie de Lyon en 1744*. — *Lyon scientifique et industriel*, mai 1883, p. 49. — (Étude d'après les Archives nationales.)

(2) P. Bonassieux, *idem*. Arrêt du 1er octobre 1737.

(3) Dès 1739, l'article concernant l'élection des maîtres-gardes avait été abrogé. Voyez Monfalcon, *Histoire monumentale*, t. III, p. 3 et suiv.

par esprit de classe, plaidait aussi leur cause. Elle triompha de nouveau par l'arrêt de 1744, qui rétablissait à peu près celui de 1731 (1).

La population était surexcitée déjà par une querelle de salaires ; les tisseurs réclamaient une augmentation d'un sou par aune, et les ouvriers de tous les métiers suivaient avec anxiété ce débat (2). L'arrêt fut l'étincelle qui enflamma les poudres; comme en 1400, la foule du peuple se répandit dans la ville, que la bourgeoisie lui abandonna aussitôt sans résistance. Les meneurs de l'émeute, appuyés par les comtes-chanoines, firent accepter au consulat et aux marchands toutes les prétentions des artisans : augmentation de salaires, annulation de l'arrêt de 1744 et rappel de celui de 1737, etc., etc. (3). Le roi lui-même sanction-

(1) L'arrêt de 1744 réduit à six le nombre des maîtres-gardes, dont quatre seront choisis parmi les marchands et deux seulement parmi les maîtres-ouvriers. Le droit à payer pour être marchand est fixé à la somme de 800 livres ; le maître-ouvrier, surpris à travailler pour d'autres que les maîtres-marchands, sera puni d'une amende de 500 livres. Voyez Bonassieux, *idem*. *Lyon scientifique et industriel*, mai 1883, p. 50.

(2) Voyez Monfalcon, *Histoire monumentale*, t. III, p. 4.

(3) Par ordonnance du 6 août 1744. Voyez Bonas-

nait tout sans mot dire (1). L'âge d'or semblait revenu pour notre démocratie industrielle; tous les métiers en profitèrent (2), chacun d'eux ayant à faire reviser quelque disposition tyrannique de ses règlements.

Hélas! la joie populaire dura peu; neuf mois après, l'âge de fer revint sous les traits de M. de Lautrec, conduisant une armée pour rétablir l'ordre à Lyon. On ne se contenta

sieux, *Grève des ouvriers en soie; Lyon scientifique*, juillet 1883, p. 117. — Le récit de M. Bonassieux fait ressortir la duplicité de la bourgeoisie. Pendant qu'elle subit toutes les réclamations des ouvriers, avec une soumission parfaite, elle prépare déjà, en secret, des mesures de répression et de vengeance. Le prévôt des marchands explique ainsi sa conduite, dans une lettre au contrôleur général Orry : « Il s'agit d'apaiser 15 à « 20,000 personnes au moins, sauf à les punir dans la « suite comme elles le méritent. » Et la sénéchaussée, s'associant à ces projets perfides, poursuit, sans bruit, une instruction sur les troubles, dont on ne tardera pas à voir les sanglants résultats. — *Lyon scientifique*, septembre 1883, p. 189 et 190.

(1) Par un arrêt donné à Lunéville le 10 août 1744. Voyez Bonassieux, *idem. Lyon scientifique*, décembre 1883, p. 282. — Arrêt fictif, se hâte d'ajouter l'intendant dans sa correspondance, *idem*, p. 284.

(2) Les serruriers, les crocheteurs, les charpentiers, les faiseurs de bas de soie. Voyez Bonassieux, *idem*, octobre 1883, p. 221.

pas de retirer les concessions accordées à l'émeute; on frappa, en outre, de pénalités diverses tous les hommes qui avaient participé au mouvement. Les uns furent condamnés à 1,000 livres d'amende (1); d'autres payèrent de leur vie : on les tortura, puis on les pendit (2). On mit la ville sous une sorte d'état de siège; l'oligarchie industrielle vainquit par la terreur, comme avait vaincu l'oligarchie consulaire deux siècles auparavant.

La violence même de ces querelles annonce que Lyon a repris son ancienne vitalité. Une ville de commerce ne meurt pas de ses agitations intérieures, de ses dissensions intestines; elle périt d'épuisement lorsque le despotisme ou la guerre tarissent les sources du travail et de la richesse. Délivrée du régime étouffant de Louis XIV, la France s'était réveillée plus jeune et plus ardente que jamais sous la Régence; l'industrie de la soie participa à cette résurrection. Le nombre des maîtres-ouvriers, de 600 qu'il était en 1697,

(1) Arrêt du conseil d'État, 25 février 1745. Voyez Archives municipales, *Inventaire Chappe*, t. II, p. 513.

(2) Arrêt de la cour des Monnaies, avril 1745, *idem*, t. II, p. 514.

est arrivé à 800 en 1744 (1); 12,000 métiers battent de nouveau dans la ville (2), et sa population est revenue au chiffre de 150,000 âmes.

Dans cette première moitié du XVIIIe siècle, Lyon vit naître aussi plusieurs institutions nouvelles et se réaliser quelques améliorations utiles. En 1702, c'est la chambre de commerce (3), qui est composée du prévôt des marchands, d'un échevin négociant, d'un ancien échevin négociant et de huit marchands nommés par le prévôt. Quelques années après, le commerce se fait construire son palais, la Loge des Changes, commencée en 1706 (4). La ville s'embellit; on songe à en

(1) En 1697, il y avait 600 maîtres-ouvriers, selon M. Paul Saint-Olive (*Revue du Lyonnais*, t. XVI, p. 113). Et, pour 1744, Monfalcon donne les chiffres suivants (*Histoire monumentale*, t. III, p. 3) : 90 marchands, 800 maîtres-ouvriers, 8,000 compagnons et un total de 50,000 personnes occupées à cette industrie, à des titres divers.

(2) Seulement 8,000 en 1746, mais 11 à 12,000 quelques années après. Voyez Rolland, *Dictionnaire des arts et métiers*, t. II, part. II, p. 44.

(3) Arrêt du conseil d'Etat, 20 juillet. Archives municipales, *Inventaire Chappe*, t. IX, p. 533.

(4) Voyez *Inventaire Chappe*, t. XVI, p. 397.

rendre le séjour plus commode et plus sûr. Pendant la nuit elle est éclairée, depuis 1697, par un millier de lanternes; ce service était entretenu par le trésor royal (1), moyennant une somme de 330,000 livres, une fois payée, que lui avait versée le consulat, qui lui-même se l'était procurée par un emprunt forcé à la bourse des propriétaires (2).

Lyon fut aussi sur le point de posséder, dès le XVIIIe siècle, un service de distribution des eaux (3). Le flamand François Swabel (1727), et après lui Simon Petitot imaginèrent d'élever les eaux du Rhône dans un vaste réservoir, d'où on pourrait ensuite les répandre sur tel point de la ville qu'on désirerait, et même chez les particuliers. Les expériences réussirent ; mais, — manque d'argent

(1) La dépense était, en 1698, de 14,888 livres par année. Voy. Archives municipales, *Inventaire Chappe*, t. XX, p. 451.

(2) Archives municipales, *Inventaire Chappe*, t. XX, p. 453, 454, 455. On fit, à cette occasion, un véritable recensement de la fortune immobilière. La valeur totale des maisons bâties à Lyon fut évaluée à 37 millions 631,500 livres, et on les taxa à 1 o/o du capital pour obtenir la somme de 357,222 livres.

(3) Voyez Clerjon, *Histoire de Lyon*, t. VI, p. 307.

ou imprévoyance, — le consulat ne fit point construire le réservoir que les inventeurs demandaient et qui eût coûté 400,000 livres. Le fruit de leurs recherches fut ainsi perdu et la distribution des eaux pour longtemps ajournée.

Signalons encore, vers 1730, l'apparition des premières petites voitures, fiacres, etc., sur les places de la ville (1).

Mais n'oublions pas que nous traversons le siècle de la philosophie et des lettres; subissant cette influence de son temps, le consulat apporta alors un soin tout spécial à développer les institutions d'enseignement. Le collège est agrandi (2), sa subvention augmentée; ce n'est plus d'ailleurs seulement un externat; il reçoit des pensionnaires au prix maximum

(1) Voy. Archives municipales, *Inventaire Chappe*, t. XX, p. 437. En 1759, le tarif de ces voitures de place fut fixé à 20 sols par heure, 12 sols pour la course, et 10 sols en plus pour les renforts qu'on prenait lorsqu'il fallait monter la côte des Carmélites et le Chemin-Neuf. (*Inventaire Chappe*, t. XX, p. 438.)

(2) En 1731, cet agrandissement coûta à la ville une somme de 100,000 livres, employée à l'achat de terrains. — Délibération consulaire du 27 novembre 1731. Archives municipales, BB, 295, f° 113, v°.

de 20 sous par jour (1). Les *petites écoles*, que nous avons vu naître au siècle dernier, ne sont pas complètement négligées ; il en existe maintenant dans toutes les paroisses (2).

L'enseignement supérieur prend aussi sa part de ces bienfaits ; il s'enrichit d'une chaire de droit (3), enseignement qui fut jadis une tradition lyonnaise, interrompue depuis la fin du moyen âge.

Une importante bibliothèque, provenant

(1) En 1706, le consulat accorda au collège, à cette occasion, une allocation supplémentaire de 1,000 livres par année. Voyez *Inventaire Chappe*, t. XX, p. 232.

(2) Nous empruntons à M. Léopold Niepce, *Les Archives de Lyon*, p. 656, quelques détails intéressants sur ces *petites écoles* du XVIIIe siècle : « En 1742, « d'après l'*Almanach* de Lyon de cette époque, on « comptait huit écoles pour les garçons et neuf pour « les filles. Ces écoles étaient situées, entre autres, « dans des maisons, propriétés de l'œuvre, dites *Mu-« sique des anges*, place des Cordeliers, du *Grand « Saint-Louis*, rue Saint-Marcel, ou bien dans la *rue « Noire*, au faubourg de Vaise, au faubourg de Saint-« Irénée, à la Croix-Rousse dans la maison dite de « l'*Enfance*, dans la rue Grenette, dans la rue de Flan-« dres, à la Guillotière et au quartier de Saint-Claude. »

(3) Archives municipales, *Actes consulaires*, BB, 287, f° 97, et BB 297, f° 54, v°.

des donations de Pierre Aubert, ancien échevin (1), et de Michel, chanoine d'Ainay (2), est installée, en 1765, dans les bâtiments du collège; elle est ouverte au public le mardi, le jeudi et le samedi de chaque semaine, depuis le 11 novembre jusqu'au 15 août.

Enfin, en 1756, fut créée une école royale de dessin (3), et en 1762, une école vétérinaire.

Les différents collèges de la ville devinrent l'objet d'une vive querelle entre le consulat et le présidial-sénéchaussée, en 1762, après le renvoi des jésuites. Les officiers judiciaires qui, à Lyon comme à Paris, étaient fort hostiles aux congrégations, voulaient qu'on remît l'enseignement à des professeurs laïques; le consulat, au contraire, cherchait à remplacer les jésuites expulsés par d'autres religieux, et il affirmait, au surplus, que les col-

(1) Voyez l'acte de cette donation, du 22 mai 1731, Archives municipales, *Inventaire Chappe*, t. XX, p. 305.

(2) 30 septembre 1738. *Inventaire Chappe*, t. XX, p. 308.

(3) Voy. Archives municipales, *Inventaire Chappe*, t. XX, p. 391.

lèges, surtout celui de la Trinité, étant propriétés municipales, à lui seul devait en appartenir la direction (1).

Les échevins furent battus sur ce dernier point; Lyon fut soumis aux dispositions générales de l'édit de février 1763 (2), qui con-

(1) Durant cette querelle, le consulat et la sénéchaussée furent appelés à fournir leurs vues sur les matières de l'enseignement. Le programme du consulat, que nous empruntons à Clerjon (*Histoire de Lyon*, t. VI, p. 370), paraît fort remarquable : « Les élèves n'auraient été reçus au collège de la Trinité qu'à l'âge de quatorze ans, déjà instruits de tout ce qui est enseigné dans les petites écoles. Alors aurait commencé un cours d'études qui aurait duré cinq ans, et qui aurait embrassé la grammaire générale appliquée à l'étude simultanée ou successive de sept langues : française, latine, grecque, hébraïque, allemande, italienne et espagnole. Avec cette étude aurait marché celle des sciences : géométrie, anatomie, physique, chimie, astronomie, mathématiques appliquées à la mécanique, à l'art militaire, à la navigation et au pilotage, et en même temps l'étude de l'histoire universelle, spécialement de l'histoire de France; il y aurait eu un cours particulier de l'histoire de Lyon. Après ces cinq années, la philosophie et la théologie étant supprimées, on les aurait remplacées par l'enseignement plus avancé des sciences et de l'histoire ; on aurait particulièrement suppléé à la théologie par l'histoire des libertés de l'Église gallicane. »

(2) Voyez cet édit, Archives municipales, *Inventaire*

fiait dans toutes les villes l'administration des collèges à un bureau composé de l'évêque ou de son délégué, du président du tribunal et du procureur du roi, de deux magistrats municipaux, enfin de deux notables que le bureau lui-même choisissait.

Mais ils obtinrent au fond la victoire, puisque, à Lyon, une majorité de cinq voix contre deux se trouvait acquise aux partisans des congrégations. Les oratoriens prirent l'enseignement au collège de la Trinité (1), et les religieux de Saint-Joseph à celui de Notre-Dame (2).

La sollicitude de l'administration consulaire s'étend, d'ailleurs, à tout ce qui peut favoriser, à Lyon, la culture des arts, des sciences et des lettres ; il semble qu'elle prenne à tâche de rendre notre ville digne du

Chappe, t. XX, p. 252. Il devint applicable à la ville de Lyon par les lettres patentes données à Versailles le 29 avril 1763 (*Idem*, t. XX, p. 254).

(1) Avec une subvention de 16,000 livres par année. Voyez *Inventaire Chappe*, t. XX, p. 260, et *Actes consulaires*, BB, 331, f° 166.

(2) Avec une subvention de 10,000 livres par an. *Inventaire Chappe*, t. XX, p. 287, et *Actes consulaires*, BB, 331, f° 166.

charmant éloge qu'en fit Voltaire, lorsqu'il la représenta comme étant à la fois le séjour de Plutus et celui d'Apollon (1). Deux associations d'artistes et de gens de lettres, dont la première fondation remontait au commencement du siècle, ayant été définitivement établies, au mois d'août 1724, par lettres patentes royales, sous le nom d'Académie des sciences et belles-lettres et d'Académie ou Société royale des beaux-arts, le consulat voulut aussi apporter son concours à l'œuvre nouvelle. Il livra gratuitement à la Société des beaux-arts un terrain situé en face du couvent des Cordeliers, pour y bâtir un édifice affecté à ses séances et à ses concerts (2); et, par sa déli-

(1) Clerjon rappelle dans son Introduction, p. LXXX, ces vers de Voltaire, que notre ville n'a peut-être complètement justifiés qu'à deux époques, au commencement du XVIe siècle et pendant le XVIIIe :

« Il est vrai que Plutus est au rang de vos dieux,
« Et c'est un riche appui pour votre aimable ville ;
« Il n'a point de plus bel asile.
« Ailleurs il est aveugle, il a chez vous des yeux.
« Il n'était autrefois que Dieu de la richesse ;
« Vous en faites le Dieu des Arts ;
« J'ai vu couler dans vos remparts
« Les ondes du Pactole et les eaux du Permesse. »

(2) Délibération du 27 avril 1724. Voyez Archives municipales, *Actes consulaires*, BB, 287, f° 69.

bération du 7 mars 1726, il mit à la disposition de l'Académie des sciences et belles-lettres une salle même de son Hôtel-de-Ville, pour y tenir ses réunions, décidant en outre de prendre à sa charge tous les frais de bureau, d'éclairage et de chauffage (1).

Au mois de juin 1758, d'autres lettres patentes, données à Versailles, vinrent réorganiser ces deux Académies. Elles furent réunies en une seule Compagnie qui prit le nom, qu'elle a conservé depuis, d'*Académie des sciences, belles-lettres et arts de Lyon*. Le nombre de ses membres fut en même temps fixé à quarante ; et le consulat, jugeant alors que le local accordé à l'Académie primitive, qui se composait de vingt-cinq membres seulement, serait insuffisant pour la nouvelle société, presque doublée, lui livra cette fois-ci la plus belle salle de l'Hôtel-de-Ville, appelée la salle des Portraits (2).

Ainsi, l'administration consulaire abrita à côté d'elle et protégea les premiers pas de

(1) Archives municipales, *Actes consulaires*, BB, 289. f° 38.

(2) *Idem*, BB, 325, f° 115.

cette Académie de Lyon, qui lui a survécu. Les révolutions ont renouvelé, en effet, nos institutions municipales pour ne laisser du consulat qu'un simple souvenir historique; tandis que l'Académie, à l'abri des orages, dans ces pures régions de la pensée et de l'art où elle s'est placée, a su traverser, sans en être atteinte, toutes nos transformations politiques, et est parvenue aujourd'hui à payer sa dette de reconnaissance aux consuls du XVIIIe siècle, en encourageant les recherches sur le passé et les origines antiques de la commune lyonnaise.

Avant d'en finir avec les choses de l'esprit, disons encore que le théâtre est devenu aussi, à cette époque, un établissement subventionné. Il est placé, depuis 1728, à l'est du monument actuel, devant le quai du Rhône, sur un terrain acheté par la ville elle-même qui, en outre, lui accorde une allocation de 6,000 livres par année (1). Plus tard, cette première salle de spectacle ne suffisant plus,

(1) Voyez délibération consulaire du 7 février 1730; Archives municipales, *Actes consulaires*, BB, 294, f° 21.

le consulat fit construire (1754), en face de son Hôtel-de-Ville, un théâtre plus digne de la riche cité lyonnaise (1).

Cité riche, il est vrai, par ses industries, brillante par ses institutions municipales, artistiques et littéraires, mais dont le luxe, comme celui de toutes les villes manufacturières, recouvre des misères trop nombreuses. Il a fallu transformer sans cesse, pour les agrandir, les institutions d'assistance et les hôpitaux. En 1694, à la suite d'une disette et d'une crise de chômage, on refait de nouveau les règlements de l'Abondance (2) ; la Chambre est composée alors du second échevin pour

(1) *Actes consulaires*, BB, 321, f° 105, v°. Cette résolution, qui augmentait les charges de la ville, n'alla pas sans d'assez vives protestations de quelques habitants. Le conseil d'État, à qui les réclamations furent soumises, homologua cependant la délibération prise par le Consulat, dans un arrêt du 10 septembre 1754. (Voy. *Inv. Chappe*, t. XVI, p. 470.) — Après 1764, la réforme financière ne permit plus au Consulat de continuer les mêmes faveurs au théâtre; la subvention fut d'abord supprimée; ensuite, la directrice dut payer à la ville un loyer de 30,000 livres par an. (Clerjon, *Histoire de Lyon*, t. VI, p. 438 et 439.)

(2) Voyez Archives municipales, *Inventaire Chappe*, t. IV, p. 451, et *Actes consulaires*, BB, 252, f° 22.

président, et de onze autres membres nommés par le consulat. Sa caisse est alimentée par des ressources plus régulières et plus importantes : chacun des directeurs fournit une avance de 10,000 livres, garantie par la ville et portant intérêt à 6 %; à ce fonds de 120,000 livres, le consulat ajoute une somme égale, sans intérêt, avec l'engagement de la tenir toujours complète et de réparer, par conséquent, les pertes que l'œuvre aura pu subir.

Ceci est seulement pour les achats de blé, et afin de maintenir le bas prix du pain. Mais la caisse municipale pourvoit, en outre, aux besoins des crises exceptionnelles et des chômages de l'industrie ; témoin la crise de 1756-1757, qui dura dix-huit mois, et pendant laquelle on distribua chaque jour un secours de 1,243 livres (1), dépense qui atteignit une somme si forte que l'Etat consentit à y participer pour 358,000 livres (2).

Les hôpitaux aussi deviennent de plus en plus onéreux à la ville. Ils succombent à leurs

(1) Voyez Clerjon, *Histoire de Lyon*, t. VI, p. 354.
(2) *Idem*, t. VI, p. 358.

charges; les ressources de l'Hôtel-Dieu sont dévorées par l'œuvre des enfants assistés, et celles de la Charité par les mendiants. Comme la municipalité, comme les corporations, ils sont obligés de recourir à des emprunts, faits pour la plupart en rentes viagères (1). Pour venir en aide à l'hospice de la Charité, dirigé par l'antique institution de l'Aumône, le consulat lui concède, en 1720, un droit de 30,000 livres à prendre sur l'entrée des draps de soie (2); et, en 1768, il double à son profit l'impôt du pied fourché (3).

(1) En 1698, selon l'intendant d'Herbigny, l'Hôtel-Dieu dépensait 210,000 livres par an, et la Charité 180,000. Voyez Archives départementales, C. 3, p. 118.

(2) La Charité eut, en outre, une rente de 20,000 livres. (Voyez les arrêts du conseil d'État du 18 mai 1720 et du 27 novembre 1725, *Inventaire Chappe*, t. XIX, p. 596; ainsi que la délibération consulaire du 29 décembre 1725, *Actes consulaires*, BB, 288, f° 145, v°.) Tous ces avantages lui sont accordés sous la condition expresse, et de nouveau répétée dans l'acte de 1725, que les recteurs de l'Aumône rendront leurs comptes en présence du consulat.

(3) Voyez lettres patentes royales du 10 novembre 1768. (*Inventaire Chappe*, t. XIV, p. 633.) A ces ressources nouvelles, les hôpitaux continuaient d'ajouter le produit de plusieurs octrois sur les entrées du vin. Les plus anciens de ces octrois, établis au profit de la

Les subventions à l'Aumône, à l'Abondance, au théâtre, aux collèges, aux écoles, la construction des nouveaux monuments, voilà autant de charges qui vont accroître considérablement les dépenses du budget municipal. Et ce ne sont pas les seules. On se souvient de ce qu'il en dut coûter à la fin du XVIIe siècle, pour racheter tous les offices (1) ; c'était la part du roi, mais à côté il y avait encore les princes, les courtisans, le gouverneur, qu'il fallait flatter et payer par des cadeaux et des fêtes.

En 1701, c'est à 150,000 livres que revient la réception de deux Altesses royales, les

Charité, en 1629, lui permettaient de percevoir 4 sols 12 deniers sur chaque ânée de vin. En 1726, ces octrois furent portés à 7 sols 6 deniers. L'Hôtel-Dieu, de son côté, percevait depuis 1692 un octroi de trois sols par ânée. (Voyez Archives municipales, *Inventaire Chappe*, t. XIX, p. 589, 591, 617 et 619.)

(1) Champagneux, dans son *Mémoire* lu au conseil général de la commune de Lyon, le 31 mai 1791, évalue à 6,413,036 livres 15 sols le total des sommes payées par la ville pour rachats d'offices de toutes sortes ou confirmations de privilèges. A un demi-million près, la totalité de cette somme fut déboursée de 1691 à 1726. (Voy. Metzer et Vaësen, *Lyon en 1791*, p. 125.)

ducs de Bourgogne et de Berry; on trouva habile aussi de faire au ministre, M. de Chamillart, le petit présent d'un meuble valant 13,500 livres (1). En 1721, c'est 28,500 livres que coûtent les manifestations de joie du consulat, pour la bienheureuse guérison du jeune roi Louis XV; sans compter un *Salut* fondé pour Sa Majesté, et qui occasionna une dépense annuelle de 2,000 livres (2). En 1744, 54,000 livres, et en 1749, 84,000 livres s'en vont encore au passage d'un infant et de deux infantes; en 1760, c'est 97,000 livres qu'il faut pour recevoir convenablement le roi (3). Dans toutes ces circonstances, le prévôt et les échevins montrèrent un esprit de courtisanerie très remarquable.

Mais la plus dangereuse sangsue à nourrir, c'est le gouverneur. Nous l'avons dit déjà, la famille de Villeroi est souveraine maîtresse à Lyon; ce gouvernement, c'est son fief, et pour de si grands seigneurs, ce n'est pas trop d'une véritable liste civile de 300,000 livres, qu'ils

(1) Clerjon, *Histoire de Lyon*, t. VI, p. 252 à 254.
(2) *Idem*, t. VI, p. 295.
(3) *Idem*, t. VI, p. 325, 348, 362.

se font accorder en 1699. Cela ne leur suffisant point, ils exigent encore quelques allocations extraordinaires qui, de 1706 à 1713, atteignent le chiffre de 1 million (1).

Ayant tant de services à entretenir et tant de gens à gratifier, le consulat se voit obligé d'établir de nouveaux impôts. En 1690, on revient aux sur-octrois sur l'entrée du vin et le pied-fourché, et au 2 °/₀ sur les marchandises, qu'on avait cru pouvoir abolir dix ans plus tôt (2). En 1711, il faut y ajouter un droit de

(1) Voyez Clerjon, *Histoire de Lyon*, t. VI, p. 246 et 247. Voyez aussi le *Mémoire* de Champagneux cité plus haut. Champagneux estime les sommes déboursées pour la famille de Villeroi ou ses lieutenants, de 1699 à 1764, à plus de 4 millions de livres. *Lyon en 1791*, p. 140.

(2) Ces sur-octrois furent : d'une demie en sus sur le pied-fourché, qui rapportait déjà 180,000 livres ; et sur le vin, de 3 deniers par pot, soit 22 sols 6 deniers par ânée (240,000 ânées entraient tous les ans dans la ville). Voyez Arrêt du 22 mars 1695, *Inventaire Chappe*, t. XIX, p. 639.

Quant au 2 o/o, il avait été rétabli par un arrêt du conseil d'Etat en date du 30 décembre 1692. (*Inventaire Chappe*, t. XIV, p. 121.) Il rapportait 200,000 livres en 1698. Voir le *Mémoire sur le gouvernement de Lyon*, par l'intendant d'Herbigny. Archives départementales, C. 3, p. 122.

7 sous 6 deniers par livre pesant de soie ou par aune d'étoffe, sur les produits étrangers, et une taxe sur l'entrée des poils de chèvres (1). On acquiert aussi du trésor royal (1713), et contre une avance de 2,160,000 livres, une assignation annuelle de 120,000 livres sur le rendement du tiers-surtaux, à joindre à l'ancienne assignation de 60,000 livres que la ville possédait déjà (2). Toutes ces ressources réunies formaient, en 1715, un revenu total de 1,650,000 livres, sur lequel il fallait payer au trésor, aux rentiers et pour les dépenses communales les plus indispensables, une somme de 1,400,000 livres à peu près (3); la différence est minime pour rembourser une dette qui est bien vite remontée au chiffre de 14 millions (4).

(1) Voyez Archives municipales, *Inventaire Chappe*, t. I, p. 90; t. XII, p. 113, et t. XIV, p. 441.

(2) Edit d'avril 1713. Voyez Archives municipales, *Inventaire Chappe*, t. I, p. 194. Le prix de ferme du tiers-surtaux, joint au quarantième, était fixé depuis 1711 à 360,000 livres, de sorte que la ville ayant, en vertu de l'édit de 1713, un droit de 180,000 livres, il ne lui restait plus à payer qu'une pareille somme pour le prix de ces fermes.

(3) Voyez Clerjon, *Histoire de Lyon*, t. VI, p. 289.

(4) Il avait fallu de nombreux emprunts, pour pourvoir au rachat des offices :

Un instant Lyon put avoir l'espérance de libérer ses finances. C'était en 1720 ; un étranger, d'esprit ingénieux et d'imagination ardente, l'Écossais Law, promettait de réaliser des merveilles par une simple application du crédit. Il ne voulait pas seulement rembourser la dette de l'État, mais aussi celles de toutes les grandes villes ; ce devait être un enrichissement universel ! Depuis longtemps le consulat demandait à la royauté qu'elle le déchargeât d'une partie de cette dette que ses exigences lui avaient fait contracter. Law, une fois ministre, s'empressa d'accéder à ce désir ; il reconnut l'État responsable d'une somme de 8,310,000 livres dans les emprunts lyonnais, et la remboursa en billets de la

En 1696,	500,000 liv.	(Arrêt du conseil d'État, 28 février.)
— 1704,	800,000 —	(Arrêt du conseil d'État, 1er avril.)
— 1708,	1,400,000 —	(Édit de janvier 1709.)
— 1710 et 1711,	3,000,000 —	(Lettres patentes de Versailles, 22 octobre 1709, et édit de Marly, juin 1711.)

(Voyez, Archives municipales, *Inventaire Chappe*, t. XII, p. 100, 106, 110, 111, 113.)

banque qu'il venait de fonder (1). La part de la ville ne resta plus fixée qu'à 5,600,000 livres (2).

Dès lors on put réduire les impôts dont la population se plaignait. Les taxes sur les marchandises et sur les denrées étaient surtout condamnées par les idées de Law; elles disparurent. Ainsi on supprima les sur-octrois sur le vin et la viande, le tiers-surtaux, le quarantième et le droit sur l'entrée des soies (3).

Moins d'impôts et bientôt plus de dette, il y avait là de quoi satisfaire à la fois le consulat, le commerce et les consommateurs. Ç'aurait été une excellente réforme et de la

(1) Arrêt de la Chambre des comptes du 6 juillet 1720. Voy. Archives municipales, *Inventaire Chappe*, t. I, p. 218.

(2) Et, pour liquider toutes ces charges anciennes, pour unifier la dette, comme nous dirions aujourd'hui, la ville fut autorisée à contracter un emprunt de pareille somme. (Arrêt du conseil d'État, 20 mai 1720. Voyez Archives municipales, *Inventaire Chappe*, t. I, p. 211.)

(3) Voyez les arrêts des 18 et 20 mai 1720. (Archives municipales, *Inventaire Chappe*, t. I, p. 211 et 215.) Law voulait réduire notre octroi sur le vin à 26 sols par ânée.

plus heureuse influence sur la prospérité de la ville, si le système de Law eût vécu. Mais, au bout de peu de temps, il se perdit par l'exagération de l'agiotage, et avec lui s'évanouirent bien des rêves dorés.

Après s'être bercé de riantes chimères, il fallut revenir à la dure réalité ; Lyon se trouvait endetté tout comme devant, car on ne put rembourser aucun des créanciers, n'ayant entre les mains que du papier sans valeur. Toutefois, le consulat employa 2,400,000 livres de ces billets de banque dépréciés à l'acquisition d'une rente perpétuelle sur les gabelles royales ; ce furent ainsi 120,000 livres dont le système augmenta les revenus de la ville (1).

Cela ne remplaçait qu'une faible partie des impôts supprimés. Dans l'entraînement de la première heure, le consulat n'avait gardé que pour 800,000 livres de taxes ; les seuls intérêts de la dette exigeaient maintenant bien davantage. Il fallut rétablir l'entrée sur les soies et le sur-octroi du vin (2), qui rendirent

(1) Arrêt du 27 août 1720. (Archives municipales, *Inventaire Chappe*, t. XII, p. 119.)

(2) Par un édit de janvier 1722, on rétablit un droit

ensemble 525,000 livres par an (1). Le budget de la ville se retrouva alors à peu près au même point qu'avant les tentatives de Law.

Si l'aventureux Écossais ne parvint pas à tenir ses promesses, les divers ministres qui lui succédèrent firent bien pis. Ils rentrèrent dans la voie fatale ouverte, à la fin du XVIIe siècle, par Louis XIV; ils accablèrent la ville de leurs exigences fiscales, demandes de subsides extraordinaires, création d'offices et de taxes nouvelles qu'il fallait racheter; ils arrachèrent ainsi 28 millions, de 1722 à 1762 (2).

de 3 sous 6 deniers par livre de soie française, et de 14 sous par livre de soie étrangère. (Archives municipales, *Inventaire Chappe*, t. I, p. 220.) Quant au sur-octroi, ajouté aux octrois perpétuels de 1674 et 1679, il fut de 12 sous par ânée (arrêt du 20 janvier 1722. *Inventaire Chappe*, t. I, p. 222), ce qui porta le prix de l'entrée municipale sur le vin à 3 livres par ânée à peu près. Ce sur-octroi fut rendu perpétuel, à son tour, le 24 décembre 1733 (*Inventaire Chappe*, t. XII, p. 129).

(1) Ils furent adjugés à un fermier, pour cette somme, le 26 mars 1722 (*Inventaire Chappe*, t. XIV, p. 451).

(2) Voy. Monfalcon, *Histoire monumentale de Lyon*, t. III, p. 8. Cette somme se composait de 24,457,000 livres en principal, augmenté de 3 à 4 millions qu'on fut obligé d'emprunter pour pourvoir au service des intérêts.

C'est en vain que le consulat s'efforce de porter ses revenus au maximum, par des surtaxes sur l'entrée du vin et par une révision des baux de ses fermes (1) ; l'équilibre de son

(1) En 1746, ces baux furent portés à la somme de 1,670,000 livres, ce qui constituait une augmentation de 200,000 livres (Clerjon, *Histoire de Lyon*, t. VI, p. 346). Depuis, un nouvel octroi de 20 sous par ânée fut accordé (1749), pour une durée de 38 ans ; sa perception fut mise en régie. En 1759, un autre octroi encore, de 25 sous (Archives municipales, *Inventaire Chappe*, t. XIV, p. 535 et 544).

Ces dernières taxes portaient l'entrée municipale à plus de cinq livres par ânée. En voici le détail :

Octroi de 1632, rendu perpétuel en 1674.	12 sols 6 den.
— 1677, réduit en 1679 à	35 —
— 1722, rendu perpétuel en 1733.	12 —
Sur-octroi de 1749	20 —
— 1759	25 —
Total	5 livres 4 sols 6 den.

Mais, pour avoir la somme réellement payée, il faut y joindre d'autres taxes de diverses natures :

Pour jauge et courtage	6 sols.	
— inspecteurs, avec doublement . .	6 —	8 den.
— les hôpitaux	10 —	6 —
Total	1 livre 3 sols 2 den.	

En tout 6 livres 7 sols 8 deniers, sans compter les droits de l'Etat : le droit de pièce, de 1 sol 3 deniers, le droit de gros (ancien vingtième), augmenté de 5 sols 5 deniers par ânée, etc.

budget est rompu sans remède, et, en 1764, il est obligé d'avouer un déficit annuel de 600,000 livres.

Alors les critiques recommencèrent comme en 1677, excitées par les traditionnels adversaires des échevins, les magistrats de la sénéchaussée-présidial (1). On dénonce les gaspillages, les dépenses de bouche du consulat : 8,200 livres dans une seule année ; les pensions, les gratifications, les étrennes, qui s'élèvent à 18,000 livres ; on dévoile impitoyablement les motifs, souvent intéressés, qui dirigeaient l'administration échevinale. C'est le régime des dilapidations et du favoritisme, avec la circonstance aggravante d'une comptabilité irrégulière. On demande, comme toujours, l'apurement des comptes et une sérieuse réforme pour l'avenir (2).

C'est donc à peu près 7 livres (équivalant à 21 fr. aujourd'hui) qu'il fallait payer par chaque ânée de vin, d'une contenance de 93 litres 39 centilitres. Les octrois de Paris ne sont pas plus élevés maintenant !

(1) Devenu aussi Cour des Monnaies depuis 1705. (Édit. d'avril 1705, Archives municipales, *Inventaire Chappe*, t. XX, p. 21.)

(2) Voyez Clerjon, *Histoire de Lyon*, t. VI, p. 360 et suiv. ; et Archives municipales, *Inventaire Chappe*, t. X, p. 5.

Cette campagne de mémoires, de brochures et de pamphlets, vigoureusement conduite par les magistrats de la sénéchaussée et soutenue par l'opinion publique, amena une réorganisation complète du pouvoir municipal. En 1764, Choiseul, ministre ami des parlementaires, comprit la ville de Lyon dans une réforme générale des municipalités de France, et remplaça par une administration nouvelle celle qui datait de Henri IV. Depuis 1595, le régime prévôtal avait ainsi vécu cent soixante-dix années; mais, tandis que son prédécesseur, le gouvernement des douze consuls, avait doté la ville de ses plus remarquables institutions, de son commerce et de ses industries les plus florissantes : les penons, l'Aumône, les hôpitaux, l'Abondance, le Collège, la soierie, les foires, etc.; le régime prévôtal ne s'était signalé que par l'établissement des maîtrises, et, pour tout héritage, il ne laissait à ses successeurs que des impôts exagérés, une dette accablante et le déficit!

Chapitre XIV

DÉFICIT ET RÉVOLUTION

Sommaire : Nouvelle organisation municipale. — Les assemblées de notables. — Domination des parlementaires. — Décadence des penonages. — Économies insuffisantes. — Chute de Choiseul. — Le Conseil supérieur de Maupeou. — Réforme de Turgot. — Nouvelles Jurandes. — Crise de l'industrie. — Ruine des hôpitaux. — Fin de l'Abondance. — Agrandissement de la Cité. — Dernier coup d'œil sur l'administration consulaire. — Nécessité de la Révolution.

Les édits royaux de 1764 et 1765 sur les municipalités, poursuivirent un double but :

En premier lieu, restreindre leurs attributions, afin d'empêcher le retour de quelques-uns des abus passés ; désormais le pouvoir des corps de ville est réduit à la police, au maintien de l'ordre dans la cité, à la régie des biens communs.

Mais, en outre, on les entoura d'une sorte de surveillance intérieure qui, à Lyon notamment, leur avait manqué depuis deux siècles. A côté des échevins, pouvoir exécutif, on plaça un conseil délibérant et même, dans quelques circonstances, une assemblée de notables.

La municipalité lyonnaise fut l'objet des lettres patentes spéciales du 31 août 1764 (1). Elle conservait son prévôt des marchands, ses quatre échevins, son procureur, son secrétaire-greffier, son receveur-trésorier; ces trois derniers avec voix consultative seulement. Ils formaient l'administration proprement dite, à côté de laquelle siégeaient, pour la délibération, douze autres conseillers (2). Enfin, dans des cas déterminés, ce corps de ville se transformait en une assemblée de notables, avec l'adjonction de deux magistrats de la cour des monnaies et sénéchaussée, et de dix-sept personnes élues dans les catégories suivantes: une dans le chapitre, une autre dans le reste du clergé, une dans la noblesse, une dans les trésoriers de France, une dans le siège de l'élection, une dans l'ordre des avocats, une dans la communauté des notaires, une dans

(1) Voyez, Archives municipales, *Inventaire Chappe*, t. X, p. 33. On peut consulter aux archives ces lettres patentes imprimées, vol. A, XXI.

(2) Lettres patentes du 31 août 1764, art. 1er.

les procureurs, enfin cinq parmi les commerçants et quatre dans les arts et métiers (1).

Ces divers conseils ou assemblées se recrutaient d'une façon passablement compliquée. Le prévôt des marchands était choisi par le roi, pour deux ans, sur une liste de trois candidats nobles, proposés par l'assemblée des notables (2); en 1780, on décide que ses fonctions dureront six années, mais qu'il ne sera plus rééligible (3). Les mêmes notables nommaient aussi les conseillers et les échevins. Ces derniers devaient être pris parmi les conseillers, et de préférence on choisissait ceux qui avaient déjà siégé dans le rectorat des hôpitaux ou au tribunal des foires (4); les échevins sortants redevenaient conseillers de droit, de sorte que l'élection tournait à peu près constamment dans un petit cercle,

(1) *Idem*, art. 14.

(2) *Idem*, art. 2 et 3.

(3) Lettres patentes données à Versailles le 24 septembre 1780 (Archives municipales, *Inventaire Chappe*, t. XXI, p. 45).

(4) Les échevins étaient nommés pour quatre ans et renouvelables par moitié toutes les années (Lettres patentes du 31 août 1764, art. 4 et 6).

et que les fonctions municipales retombaient toujours dans les mêmes mains (1).

Quant au mode de nomination des notables, il était bien plus étrange encore. On formait un collège électoral au moyen d'un délégué de chacun des ordres ou communautés destinés à être représentés dans l'assemblée des notables; et comme le commerce ne comptait que pour un ordre et tous les métiers ensemble pour un autre, on constituait ainsi un collège de dix personnes, chargé d'élire dix-sept notables. Plus tard, il est vrai (2), on accorda au commerce et aux métiers autant de délégués dans le collège qu'ils avaient de notables à faire nommer.

(1) Les fonctions de conseillers devaient durer six années (*idem*, art. 7); chaque année deux d'entre eux étaient sortants, deux autres passaient au conseil des échevins; ils étaient remplacés : 1° par les deux échevins sortants, 2° par deux conseillers nouveaux que nommait l'assemblée des notables. On voit combien était petite la part de l'élection dans ce système. Il est vrai qu'afin d'empêcher que les fonctions municipales ne s'éternisassent tout à fait dans les mêmes mains, l'art. 10 interdisait à l'assemblée des notables de réélire les deux conseillers sortants avant un délai de six années.

(2) En 1774. (Voyez Archives municipales, *Inventaire Chappe*, t. X, p. 48.

Sous leur obscurité apparente, toutes ces dispositions ont un but très-visible. Elles tendent à déposséder l'aristocratie marchande du pouvoir municipal, qu'elle avait exercé exclusivement depuis tant de siècles. La bourgeoisie de l'industrie et du négoce n'a que deux représentants dans le collège, et neuf dans l'assemblée des notables. Elle est partout en minorité devant une coalition de la noblesse, du clergé et des officiers, financiers ou judiciaires, de la couronne. L'ancienne oligarchie expie ainsi fort justement ses anciennes usurpations et ses fautes, mais la réforme qu'elle a rendue nécessaire, on la confie à d'autres aristocraties d'église, de robe et d'épée. En 1764, on ne sait que remonter vers le passé; on tourne le dos à l'avenir, qui pourtant s'approche à grands pas, car vingt-cinq années seulement nous séparent de 1789 et de la Révolution faite au profit des classes populaires.

La réforme consiste toute en menues précautions contre les abus de l'administration échevinale. On l'accusait de s'être attribué des indemnités importantes, d'une façon déguisée; on avait dénoncé ses dépenses scandaleuses en robes, en jetons, en repas. Pour mettre un terme à l'arbitraire, on alloue des honoraires déterminés au prévôt des marchands et aux échevins : 1,000 livres à chacun de ceux-ci et 17,000 livres pour le premier (1) ; les frais de robes ne devront pas dépasser 2,000 livres par an. On ne paraît pas s'être tenu exactement à ces chiffres, car, en 1772, nous voyons le prévôt toucher des indemnités de 40,000 livres (2).

Une autre vieille institution lyonnaise tombait aussi en désuétude et avait grand besoin qu'on s'en occupât : c'était les penons.

En 1746, on avait réduit le nombre des compagnies de 36 à 28 seulement (3). La bour-

(1) Voyez Clerjon, *Histoire de Lyon*, t. VI, p. 385.

(2) *Idem*, t. VI, p. 424.

(3) Délibération du 17 mai 1746. (Voyez *Actes consulaires*, BB, 312, f° 69. Les 28 nouveaux quartiers, fournissant chacun une compagnie, furent : 1° place Confort, 2° le Change, 3° le Griffon, 4° rue Thomassin, 5° rue Belle-Cordière, 6° la Juiverie, 7° St-Georges, 8° rue Neuve, 9° la Croisette, 10° St-Vincent, 11° la Grand'Côte, 12° port St-Paul, 13° Bon-Rencontre, 14° place Neuve, 15° rue Buisson, 16° port du Temple, 17° St-Jean ou Porte-Froc, 18° la Pêcherie, 19° place St-Pierre, 20° rue Tupin, 21° rue de l'Hôpital, 22° le Gourguillon, 23° place Louis-le-Grand, 24° le Plâtre,

geoisie ne montrait plus qu'une parfaite indifférence pour cette milice; le service était abandonné, on s'y faisait remplacer, on refusait les gardes, on n'avait même pas d'armes. Cette décadence provenait en grande partie, sans doute, de la tutelle trop sévère du consulat, et de la perte que les penons avaient faite du droit d'élire leurs officiers.

Après la réorganisation municipale, et pour ranimer les penonages, le consulat dut lâcher un peu la bride; il se contenta de choisir les officiers sur une liste de candidats présentés par leurs quartiers; le capitaine-colonel ou premier capitaine, qui remplaçait le commandant de la ville en cas d'absence, fut de même nommé pour 6 ans, sur une liste de trois noms proposés par tous les chefs de compagnies (1). Ceux-ci obtinrent également la formation d'une sorte de conseil de famille, composé de six, puis de huit officiers. Mais le passé s'en va de toutes parts, et toutes ces mesures ne par-

25° les Terreaux, 26° Pierre-Scize, 27° Plat-d'Argent, 28° St-Nizier.

(1) Voyez les ordonnances royales du 4 janvier et du 21 février 1781. (Archives municipales, *Inventaire Chappe*, t. IV, p. 198[a] et 198[b].)

viennent pas à rétablir l'ancienne vigueur des penonages, qui, en 1785, ne comptaient plus que 5,000 miliciens (1).

Pour remédier à la situation financière et au déficit, véritables causes de la réorganisation de 1764, on se contenta de palliatifs insuffisants. On limita les pensions, on raya quelques dépenses inutiles, on supprima la subvention au théâtre, qui même dut payer désormais une location à la ville; on se promit de ne point dépasser une certaine somme, fixée d'avance, pour les constructions, les procès, les fêtes, les repas et les robes que les échevins s'allouaient de temps immémorial; on revise les exemptions, mais sans les diminuer beaucoup; en un mot, on s'attache à quelques économies de détail, alors qu'il n'eût rien moins fallu qu'une révolution (2). Pour payer la dette, on prend la décision inapplicable de vendre les biens de la ville (3); mais rien

(1) Du moins, c'est ce nombre de miliciens qui se trouvèrent sous les armes, dans une grande revue passée par le consulat le 30 avril 1785.

(2) Voir, sur toutes ces réformes de détail, les articles 27 et suivants des lettres patentes du 31 août 1764.

(3) *Idem*, art. 45. On décida aussi, en 1768, d'émet-

n'est fait pour combler le déficit qui, avant peu, obligera d'emprunter encore. Le consulat avait réclamé aussi de nouveaux octrois, pour rétablir son budget; la cour prorogea seulement la surtaxe de 1759 sur l'entrée du vin (1), et la réforme financière fut condamnée à un avortement, faute de mesures efficaces.

D'ailleurs, les magistrats qui l'avaient provoquée ne furent bientôt plus là pour la défendre; Choiseul et les parlementaires venaient de succomber aux attaques du parti jésuite; la sénéchaussée-présidial de Lyon fut entraînée dans leur chute, et on la remplaça par un de ces conseils supérieurs, au nombre de six pour toute la France, inventés par le chancelier Maupeou (2).

tre un nouvel emprunt de 4 millions, pour rembourser celles des anciennes dettes qu'on trouvait par trop onéreuses. (*Inventaire Chappe*, t. XII, p. 137.)

(1) Et, ne négligeant pas ses propres intérêts, la cour exigea, en outre, en 1768, que cette surtaxe fut doublée à son profit. (Voyez Archives municipales, *Inventaire Chappe*, t. XIV, p. 548.) Peu après, on assujettit les faubourgs de Lyon aux mêmes entrées du vin que payait la ville, sauf l'octroi de 1674, de 12 sols 6 deniers. (Lettres patentes de novembre 1772. Voyez, Archives municipales, *Inventaire Chappe*, t. XX, p. 530.)

(2) Edit de Versailles, février 1771. (*Inventaire Chappe*, t. XX, p. 83.)

La bourgeoisie municipale fut d'abord joyeuse de voir chasser ces perpétuels adversaires et rivaux. Pourtant elle ne tarda pas à les regretter. Le conseil supérieur ne se montra pas moins envahissant que l'ancien présidial, et il se trouva bientôt en conflit avec le consulat relativement aux droits de la police et à la juridiction des arts et métiers (1).

Mais il n'apporta plus le même soin jaloux à surveiller l'administration financière des échevins, et alors les errements passés recommencèrent, On emprunta de plus belle; on se distribua des gratifications et des pensions tout comme auparavant, on rétablit quelques anciennes taxes vexatoires pour le commerce, la rêve et foraine, le droit sur les soies, etc. (2), et on réduisit ainsi des deux tiers le transit à la douane de Lyon. En somme on arriva, en 1775, à une dette de plus de 30 millions, dont les seuls intérêts dépassaient tout le revenu de la ville (3).

(1) Archives municipales, *Actes consulaires*, 1788, BB, 348, f° 151.

(2) Lettres patentes, novembre 1722. (Voy. Archives municipales, *Inventaire Chappe*, t. XIV, p. 457.)

(3) Voyez Clerjon, *Histoire de Lyon*, t. VI, p. 439, et Leber, *Histoire du pouvoir municipal*, p. 630.

Turgot occupait le ministère; il fit convoquer une assemblée extraordinaire de notables et de représentants des métiers, pour examiner de nouveaux projets de réforme. Le commerce obtint satisfaction par la suppression des taxes les plus mauvaises, et on s'efforça d'augmenter le rendement des autres impôts, en modifiant les baux de ferme (1). Par de telles mesures, Turgot pouvait tout au plus enrayer le mal; aussi retrouvons-nous en 1778 une situation identique à celle de 1775 : 38 millions de dettes, plus 200,000 livres de rentes viagères (2).

(1) Turgot interdit de nouveau les dépenses pour robes et repas consulaires, sauf un seul repas, celui de la Saint-Thomas, qui ne devra pas coûter au delà de 10,000 livres (!). Clerjon, *Histoire de Lyon*, t. VI, p. 445.

(2) Voy. Clerjon, *id.*, t. VI, p. 466. Ces 40 millions de dettes équivaudraient à plus de 100 millions de nos jours, et la ville n'avait alors que 150,000 habitants. Il fallait payer 2,411,030 livres pour les intérêts de la dette, tandis que toutes les recettes ne montaient qu'à la somme de 2,118,142 livres. (Leber, *Histoire du pouvoir municipal*, p. 630.) Il est curieux de connaître l'opinion d'une assemblée de notables à qui cette situation fut soumise : sur 35 notables, dit Leber, 22 trouvent que tout est bien, 6 que tout est mal, et 7 qu'il y a du bien et du mal.

Ainsi, quatre fois depuis cent vingt ans, en 1677, 1720, 1764, 1776, des essais infructueux furent tentés pour combler le déficit, arrêter le progrès de la dette et conjurer la banqueroute. Mais la royauté refusant toujours de prendre à son compte une partie des charges dont elle avait été la première cause, et, d'un autre côté, les classes dominantes dans la cité voulant conserver les exemptions d'impôts qui empêchaient toute réorganisation sérieuse, on écartait d'avance les vraies solutions du problème. Toutes les réformes, sous l'ancien régime, ne pouvaient être que timides et impuissantes; elles ont piteusement échoué l'une après l'autre, et la situation financière, loin de s'améliorer, s'est aggravée de plus en plus jusqu'en 1789. Il est temps que la Révolution, avec ses viriles audaces, vienne appliquer enfin d'héroïques remèdes.

Ce ne sont pas seulement les finances de la ville qu'elle trouvera gangrenées et pourries; toutes les institutions lyonnaises ont grand'

On voit que l'optimisme des gens en place ne date pas de nos jours.

peine à se tenir debout. Les corporations sont écrasées sous le poids de leurs dettes (1); on voit les tireurs d'or faire d'un seul coup, en 1771, un emprunt de 500,000 livres (2). Après Turgot, qui essaya vainement de supprimer les jurandes, on les réorganisa en en diminuant le nombre. A Lyon (édit de janvier 1777) (3), on reconnaît quarante-une communautés jurées; dans les autres métiers le travail est libre. Les droits de maîtrises, variant de 50 à 100 livres, ne rentrent que pour un quart dans la caisse des corporations; les trois autres quarts vont au fisc royal, qui s'est chargé de la liquidation de leurs dettes. Cette mesure, qu'il aurait fallu appliquer aussi à la dette municipale, était indispensable pour sauver les communautés lyonnaises d'une imminente banqueroute.

L'industrie traverse une période d'agitations

(1) Un arrêt du conseil d'État, du 26 août 1776, ordonna la vente de leurs immeubles, pour en affecter le produit au paiement de ces dettes. (Voyez, Archives municipales, *Inventaire Chappe*, t. VI, p. 62c.

(2) Voyez Clerjon, *Histoire de Lyon*, t. VI, p. 405.

(3) Archives municipales, *Inventaire Chappe*, t. VI, p. 62d.

et de crises; les révoltes pour les salaires se multiplient, à la fin de l'ancien régime. Les maîtres-ouvriers de la fabrique de soie, à qui les marchands ont interdit la fabrication et la vente, se débattent maintenant pour arriver à vivre de leur travail manuel. En 1786, on les voit réclamer une augmentation de deux sous par aune sur le prix de façon des satins et des unis. A côté d'eux, les chapeliers demandent qu'on veuille bien élever leur salaire de 32 sous à 40 sous par jour, en limitant la durée du travail à douze heures (1). La question des tarifs est ainsi ouverte dans tous les métiers.

Le roi Louis XVI, formé à l'école de Turgot, fait annuler toutes les conventions fixant un prix de main-d'œuvre; il faut le travail libre et la misère aussi! (2).

En 1788, 5,400 métiers sont inoccupés, 20,000 ouvriers chôment; on comptait alors, dans la ville, 14,777 métiers et 58,500 personnes occupées à la fabrication des soie-

(1) Clerjon, *Histoire de Lyon*, t. VI, p. 453 et suiv.

(2) Une ordonnance consulaire avait approuvé l'augmentation des tarifs. (Voyez, Archives municipales, *Inventaire Chappe*, t. VII, p. 1908.

ries (1). La crise frappe donc plus du tiers de cette industrie. C'est en vain qu'on multiplie les secours, que le consulat emprunte 300,000 livres spécialement pour les besoins de l'Assistance (2), que l'on crée l'Institut philanthropique (1788), destiné à combattre les effets du chômage (3); malgré tout la crise se prolonge au-delà même de 1789.

Les hôpitaux ont subi le contre-coup de cette situation; ils sont endettés et ruinés comme tout le reste. Le Consulat ne cesse pourtant de leur venir en aide. En 1779, il leur accorde un subside de 120,000 livres, à prendre chaque année sur le produit des fermes (4); et en 1783, il augmente, à leur profit, d'une taxe additionnelle de 5 °/₀ tous les octrois municipaux. Ils n'en sont pas moins obligés d'emprunter la grosse somme

(1) Selon un état dressé par ordre du consulat, et cité par Monfalcon, *Histoire monumentale de Lyon*, t. III, p. 78.

(2) 22 mars 1788. (Voyez, Archives municipales, *Actes consulaires*, BB, 348, f° 133.

(3) *Actes consulaires*, BB, 348.

(4) Arrêt du conseil d'État du 11 avril 1779. (Voyez, Archives municipales, *Inventaire Chappe*, t. XIX, p. 560a.

de 2 millions (1), pour rembourser les avances faites par leurs trésoriers.

(1) Dont trois cinquièmes pour l'Hôtel-Dieu et deux cinquièmes pour la Charité. (Voyez lettres patentes du 23 août 1783. *Inventaire Chappe*, t. XIX, p. 560.) Ordre leur est aussi donné de vendre leurs immeubles pour en employer le produit au paiement de leurs dettes. En 1761, d'après un état qu'il dut fournir au gouvernement, l'Hôtel-Dieu possédait : 1° 85 maisons en ville estimées 1,734,000 livres ; 2° 11 maisons hors la ville estimées 495,300 livres, y compris 24 domaines. Les domaines de la Part-Dieu et de la Tête-d'Or ne figurent dans cette estimation que pour 200,000 livres. (Léopold Niepce, *Les Archives de Lyon*, p. 382.)

C'est également en 1783 que le service des *enfants trouvés*, auparavant à la charge de l'Hôtel-Dieu, fut joint à l'hospice de la Charité (Clerjon, *Histoire de Lyon*, t. VI, p. 446). On peut juger de l'importance de ce service par une note extraite des archives de la Charité par M. Léopold Niepce (*id.*, p. 326), et que nous reproduisons ci-dessous :

État des enfants au-dessous de l'âge de *sept ans* à la charge de l'hôpital général de la Charité le

1er janvier 1786	3,978
Réception de l'année 1786	1,672
Total	5,650
Enfants au-dessus de l'âge de 7 ans	2,983
Total	8,633
Nombre des individus de la maison	641
Total	9,274
Enfants placés en apprentissage en ville . . .	200
Total général	9,474

Quant à l'antique institution de l'Abondance, elle a disparu dès 1776, tuée par Turgot, toujours au nom du principe de liberté. Elle était mêlée de bien et de mal ; elle coûtait gros à la ville ; on avait perdu 843,000 livres sur les approvisionnements de l'année 1770 (1) ; mais elle préserva parfois de cruelles famines.

Lyon n'est pourtant pas enseveli sous les débris de ce passé qui s'écroule. Ces ruines ne sont que l'indice d'une transformation prochaine et non pas le présage de la mort. La vie, réfugiée dans les couches inférieures de la population, dans les sphères actives du commerce et de l'industrie, est si peu près de s'éteindre, qu'il faut que la population déborde de la vieille enceinte trop étroite, et par-dessus le Rhône qui nous enserre, aille jeter les fondements de ces deux quartiers d'avenir : Perrache et les Brotteaux,

C'est à la veille de la Révolution française que l'architecte Morand obtint du consulat l'autorisation de construire un pont, pour re-

(1) Voyez Clerjon, *Histoire de Lyon*, t. VI, p. 400 et 434.

lier la vaste plaine des Brotteaux au centre de la ville; on lui en donna le péage pour tout dédommagement (1). C'est aussi à la même époque que Michel Perrache commença l'exécution d'une vaste série de travaux, ayant pour but d'unir à la ville l'île Moignat qui en était séparée par un canal, véritable bras du Rhône, passant au sud d'Ainay. Le canal fut comblé, une chaussée construite au levant de l'île, longeant le Rhône, enfin un pont de bois fut jeté entre son extrémité méridionale et le bourg de la Mulatière (2).

C'est par une sage prévision de l'avenir que Lyon s'empare ainsi de deux emplacements immenses où il pourra s'étendre à son aise pendant le XIXe siècle, ce siècle de l'industrie qui a fait prendre à toutes les villes un accroissement si considérable. Bien loin de se croire au déclin, notre ville semble plutôt agitée par l'approche d'une vie nouvelle. Après quelques épreuves, elle renaîtra, comme le phénix, plus brillante de ses cendres, avec une administration municipale régénérée, débar-

(1) Voyez Clerjon, *Histoire de Lyon*, t. VI, p. 391.
(2) *Idem*, p. 393 et suiv.

rassée enfin des entraves de ses institutions vieillies, et qui vont périr par leurs propres fautes aussi bien que par celles de la monarchie.

Mais, au moment de les quitter tout à fait, qu'il nous soit permis de jeter un dernier regard de respect et presque de regret sur toutes ces institutions séculaires et souvent glorieuses de l'ancienne cité lyonnaise ; sur l'échevinage et le consulat qui, par la cinquantaine et la curie, remontent jusqu'à l'époque romaine ; sur l'Hôtel-Dieu du Pont-du-Rhône qui date, sinon des rois mérovingiens, du moins des premières croisades ; sur les métiers du moyen âge ; sur les penons du XVe siècle ; sur l'Abondance et sur l'Aumône, du XVIe ; sur tout ce passé municipal vraiment admirable de sagesse administrative, et qui serait peut-être irréprochable s'il ne lui avait manqué ces trois choses :

Au dehors, plus d'indépendance envers le roi ;

Au dedans, plus d'union entre les classes ;

Et, pour ses finances, une plus juste répartition et une meilleure assiette de l'impôt.

L'œuvre de la Révolution française portera précisément sur ces trois points. A Lyon, elle fut accueillie par une acclamation unanime. Personne ne songeait plus à défendre l'ancien régime, qui avait tout détruit. Les classes privilégiées comprennent enfin que le moment est venu d'abandonner leurs privilèges ; clergé, noblesse, haute bourgeoisie municipale et judiciaire, tous renoncent volontairement à leurs fatales exemptions d'impôts. Cette réforme fiscale est la pensée qui domine dans les cahiers de 1789 (1), et nous voyons les artisans manifester cette même tendance, à leur manière, en allant, dès le mois de juillet, mettre le feu aux barrières de l'octroi (2).

La Révolution est ici sociale plutôt que politique ; l'impôt indirect, les taxes de consommation, qui font enchérir la vie de l'ouvrier, voilà l'ennemi ! Le rétablissement d'impôts directs et la vie à bon marché, telle

(1) Voyez Monfalcon, *Histoire monumentale de Lyon*, t. III, p. 79.

(2) Monfalcon, *idem*, t. III, p. 80, et J. Morin, *Histoire de Loyn depuis la Révolution de 1789*, t. I, p. 54.

fut la première réclamation que firent entendre les représentants des classes populaires, quand ils rentrèrent, après une exclusion de quatre siècles, dans les conseils de la cité.

TABLE

CHAPITRE I

Origines. — Lyon Gaulois.

CHAPITRE II

Lugdunum.

CHAPITRE III

Le Bas-Empire. — Décadence.

CHAPITRE IV

Époque Germanique.

Chapitre V

Époque Féodale.

Chapitre VI

La Commune et le Roi.

Chapitre VII

Le Pouvoir consulaire

Chapitre VIII

Oligarchie bourgeoise.

Chapitre IX

Lutte des Classes.

Chapitre X

Institutions commerciales et municipales.

Chapitre XI

Les Guerres de religion.

Chapitre XII

Le Régime prévôtal.

Chapitre XIII

Les Maîtrises

Chapitre XIV

Déficit et Révolution.

ERRATA

Page 88, ligne 2 de la note ; t. VIII, p. 257, *lisez :* t. VIII, p. 157.

— 98, ligne avant-dernière de la note 2 ; XIIe siècle, *lisez :* XIIIe siècle.

— 113, ligne 11 ; XIIe et XIIIe siècles, *lisez :* XIIe ou XIIIe siècle.

— 163, ligne 1 des notes : jusqu'au XVIe siècle, *lisez :* jusqu'au XVIIe siècle.

— 215, ligne 2 de la note 1 ; t. II, p. 274, *lisez :* t. II, p. 74.

— 243, ligne 7 ; 1596, *lisez :* 1576.

— 284, ligne 11 du sommaire ; courtisannerie, *lisez :* courtisanerie.

Lyon, Association typogr., rue de la Barre, 12. — F. Plan, directeur.

LYON, ASSOCIATION TYPOGRAPHIQUE

F. PLAN, rue de la Barre, 12.

www.ingramcontent.com/pod-product-compliance
Ingram Content Group UK Ltd.
Pitfield, Milton Keynes, MK11 3LW, UK
UKHW021940200726
13856UKWH00005B/289

9 782011 952721